TRAUMBÄUME

Österreichs alte Riesen, Überlebenskünstler und Naturdenkmäler zwischen Alpen und Adria

Walter Ziegler

Impressum

Gröhrmühlgasse 32/6
2700 Wiener Neustadt

ISBN 978-3-99137-093-2
1. Auflage 2025

Layout:
Chiara & Martin Zoufal
Föhrenweg 13
2721 Bad Fischau-Brunn

Druck und Verlag:
Ferdinand Berger & Söhne GmbH
Wiener Straße 80
3580 Horn
verlag@berger.at, www.verlag-berger.at

Inhaltsverzeichnis

Inhaltsverzeichnis

Zum Geleit

Wer Bäume pflanzt,
obwohl er weiß,
dass er nie
in ihrem Schatten sitzen wird,
hat den Sinn des Lebens begriffen.
(Rabindranath Tagore, 1861-1941)

Warum mich Bäume faszinieren, ich besondere Bäume suche und ihnen ein Buch widme – eine gute Frage? So viel ist schon über Bäume geschrieben und gedichtet worden und so wenig hat es ihnen gebracht! Die Antwort ist einfach: Bäume als stumme, duldsame Gestalten, älteste und mächtigste Landlebewesen begeistern mich seit meiner Kindheit. Es machte Freude sie zu zeichnen, mit und auf ihnen zu spielen, später sie zu fotografieren. Bäume erweitern den Blick auf vieles, besonders wenn man sie erklettert hat und die klein gewordenen Zwei- und Mehrbeiner von oben herab betrachtet. Über ihre Bedeutung, Symbolik und Erzeugnisse für uns Hirnträger zu forschen ist spannend und befriedigend. Und es macht noch mehr Freude, wenn andere Menschen diese Freude an und mit Bäumen teilen und sich für sie und eine lebenswerte, gesunde, baumreiche Umwelt engagieren.

Die mächtig werdenden chemischen Pflanzenfabriken aus Holz, Harz und vielen anderen exklusiven, hilfreichen Stoffen sind ein Erfolgsmodell des Lebens. Beim Homo sapiens würde ich das nicht so ohne Weiteres und nur mit Einschränkungen unterschreiben. Das Ergebnis meiner fotografischen, historischen und biologischen Beschäftigung mit „besonderen", denkmalwürdigen und „gewöhnlichen" Baumarten, über fünfzig Jahre hinweg, ist eine Liebeserklärung an subjektiv ausgewählte hölzerne „Persönlichkeiten", von denen viele den Charakter einer Zeitkapsel besitzen und die Auszeichnung „Natur-Denkmal" mit Recht tragen.

Ohne Pflanzen im Allgemeinen und Bäume im Besonderen wären Aufstieg und Existenz des Menschen unvorstellbar. Von Alpha bis Omega - von der Wiege bis zum Sarg – sind sie unsere Begleiter, oder von A bis Z, vom Apfel bis zum Zirbenschnaps. Wer möchte ohne ihre wertvollen Produkte und den beruhigenden, manchmal tröstenden Anblick ihrer beeindruckenden Gestalten leben?

Der Mensch ist verwurzelt in seiner Familie wie ein starker Baum.

Das Bewusstmachen ihrer Schönheit und Bedeutung - dass Bäume etwas Wichtiges zu sagen haben - ist das Ziel dieser Baumreise durch Österreich und sechs europäische Länder. Da es in den neun Bundesländern Österreichs etwa 3.400 behördlich registrierte Naturdenkmäler gibt, wovon in der Regel ¾ Bäume oder Baumgruppen sind, ist verständlich, dass dieses Buch kein Österreichisches Baum-Naturdenkmal-Lexikon sein kann. Bei der Suche nach geschützten, mehr oder weniger besonderen Bäumen geben behördliche und private Dokumentationen im Internet einen sehr lückenhaften und teilweise unbrauchbaren Ein- und Überblick. Die Recherchen und Untersuchungen zu widerrufenen wie auch aktuellen Naturdenkmälern, sowie meine langjährigen Erfahrungen mit Naturschutzbehörden, lassen Rückschlüsse auf die Zukunft der Schutzkategorie zu, die ich mit „dringend verbesserungswürdig" bewerten möchte. Verbesserungswürdig im Sinne von höherer Wertschätzung, naturwissenschaftlicher und nicht politischer Risikobewertung, sowie Pflege alter Bäume durch geschultes Personal und die politische Bereitschaft, dafür die notwendige Finanzierung zu schaffen.

Die Anreise zu den ausgewählten Bäumen und Lebensräumen erfolgte fast ausschließlich mit der Bahn und anderen öffentlichen Verkehrsmittel, sowie per muskelbetriebenem Fahrrad. Um eine Vorstellung von der Dicke (Stammumfang) oder Mächtigkeit der im Buch beschriebenen Bäume zu bekommen, wurde der Brusthöhenumfang, BHU, in einer Höhe von 1,30 m angegeben. Durch Wuchsanomalien, tief stehende Äste oder andere Behinderungen können Probleme bei der Bestimmung des BHU entstehen und man muss auf niedere Stammbereiche ausweichen. In einzelnen Fällen sind deshalb zwei Messwerte angegeben.

Warum Bäume auch für einen der besten Tennisspieler der Welt, Novak Djokovic, phantastische Wesen und sogar Gesundmacher sind, war unlängst bei einem Interview zu erfahren, bei dem die Fans viel zu lachen hatten. Bei den Australian Open 2024 in Melbourne befragte ihn das Australische enfant terrible Nick Kyrgios zu dessen öffentlich gemachter spezieller Beziehung zu einem Baum im Botanischen Garten, der ihm offenbar Kraft gibt. Kyrgios, der nicht fit genug war, um am Turnier teilzunehmen, wollte wissen wo dieser Baum ist, damit er schnell wieder gesund werde. Djokovic verriet ihm lächelnd: *„Du musst deine Schuhe ausziehen, auf den höchsten Punkt klettern und für 33 Minuten und 3 Sekunden kopfüber an einem der höchsten Äste hängen. Dann wirst du ein Grand-Slam-Turnier gewinnen..."*

Bäume können nicht nur Menschen fesseln

Die mächtigste Schwarz-Föhre Österreichs:
ND Vierbrüderbaum, Vöstenhof, NÖ

„Auf die Bäume ihr Affen!"
(Hans A. Pestalozzi, 1929-2004)

Gedanken eines Baumes

Weit habt ihr es gebracht mit eurer Überheblichkeit und Gier, dem technischem Fortschritt, der Mondlandung, Mars-Mission, Kriegswirtschaft, Verschwendungswirtschaft... mit euren Müll- und Giftbergen in den Ozeanen und auf dem Mt.Everest. Mit eurem Geschwindigkeitswahn, der „Zuviel ist nicht genug-Ideologie", dem „Hab ja nichts zu verschenken-Egoismus" und dem ausgeleierten Spruch:

„Wir haben alles im Griff!"

Sehr wenig habt ihr wirklich im Griff, das Wichtigste überhaupt nicht. Ein „Mini-Mini-Ungustl" – nichts anderes als ein elektronenmikroskopisch winziger Schmarotzer mit ständig mutierender Tarnkappe - hat euch unlängst gezeigt, dass ihr auch in der Miniaturisierungs-Technologie die Natur, den ältesten und größten Techniker, nie übertreffen werdet. Vielleicht gelingt es aber eurer Lebensvernichtungs-Technologie, bei der ihr es ja schon sehr weit gebracht habt...

Es ist nicht einmal ein lebendes Wesen, dieses Virus, das euer Leben und eure Lebensweise in eurem künstlichen, globalisierten und irren Shopping- und Vergnügungsmotodrom bedroht und in Frage gestellt hat. Mir war, seit ich aus dem Samen geschlüpft bin klar, dass die unbelebte Natur, die gasförmige, flüssige und feste Materie und die mächtigen inneren und äußeren Kräfte, die diese erzeugen und bewegen, meine wichtigsten Verwurzelten, äh`, Verbündeten und Lebensbedingungen sind.

Euch Zweibeinern ist das kaum bewusst oder nur einigen wenigen Klugen aus eurer selbsternannten „Krone der Schöpfung-Species". Viele von euch planetaren Unruhestiftern weigern sich, diese Realität anzuerkennen und ergo ihre Denk- und Handlungsweise anzupassen. Dabei könnt ihr ja nicht einmal ein Erdbeben voraussagen und müsst froh sein, dass eure Kinofilme nicht wahr werden und es euch wie den Dinos ergeht. „Armageddon" lässt grüßen! Vielleicht denkt ihr aber nach der letzten Virus-Attacke doch nach, wie eure Welt-, Energie-, Wirtschafts-, Gesundheits- und Friedens-Politik bis 2020 aussah, als euch der Corona-Ungustl Angst gemacht und eingesperrt hat?

Mehr als ein Symbol: Stadtbäume als Gradmesser für Umweltqualität und Gesundheit, Wiener Neustadt, NÖ

Vergesst dabei aber nicht, wer euch den Sauerstoff zum Atmen und viele andere nützlichen Produkte schenkt, obwohl ihr undankbaren Falschnamenträger – von wegen „sapiens", weise – uns die gebührende Anerkennung verweigert. Stattdessen rauchen die brandgerodeten Urwälder meiner Ahnen und klagen die leichtfertig aus euren Städten entfernten, grünen, blühenden und holzigen Natur-Klimaanlagen an. Ohne uns würden eure bedauernswerten Wohnsilo-Insassen nicht einmal die Jahreszeiten wahrnehmen. Vielleicht versteht ihr dann unseren größten Dichter-Baumfreund, der euch ins Stammbuch geschrieben hat:

„Bäume sind weiser als wir, solange wir nicht auf sie hören"

Also, fangt schnell an zu denken, was Hermann Hesse (1877-1962) damit gemeint hat! Wir haben eine längere Lebenszeit als ihr, die ihr selten 100 Jahre erreicht und oft erst spät, wenn überhaupt, die Schönheit und Bedeutung der Natur entdeckt. Es ist uns keine zweite Erde und Biosphäre im Weltall bekannt – und einen lebenden Baum können eure 3D-Drucker auch nicht erzeugen. Wir brauchen euch überhaupt nicht – aber ihr könnt ohne uns nicht überleben.

„Die Affen sind unsere nächsten Verwandten – und wir sollten stolz darauf sein"
(Antal Festetics)

„Weißt du, dass Bäume reden?"

„Ja, sie reden. Sie sprechen miteinander, und sie sprechen zu dir, wenn du zuhörst. Aber die weißen Menschen hören nicht zu. Sie haben es nie der Mühe wert gefunden, uns Indianer anzuhören, und ich fürchte, sie werden auch auf die anderen Stimmen der Natur nicht hören. Ich selbst habe viel von den Bäumen erfahren: manchmal etwas über das Wetter, manchmal über Tiere, manchmal über den Großen Geist."

Tatanga Mani (Walking Buffalo, geboren 1871, gestorben 1967) gehörte zum Volk der Stoney in Kanada. Obwohl er als Kind von einem Missionar adoptiert worden war und eine gute Schulausbildung erhalten hatte, vergaß er seine Herkunft nie. Er wurde Häuptling seines Stammes in jener schwierigen Zeit, als die Indianer ihren Lebensraum verloren hatten und mit der Zivilisation der Weißen konfrontiert wurden.

Monumentale Lebewesen: Das erste Naturdenkmal war ein Baum

Die Erschaffung von Denkmalen als besondere Auszeichnung und Mahnmal für Personen oder an historische Ereignisse, ist ein kulturelles Bedürfnis des Menschen. Denkmäler sind in der Regel künstlerische Objekte und üblicherweise aus langlebigem Material, meist Stein. Aber Denkmäler für Lebewesen – Lebewesen als Denkmäler?

Bäume – also verholzte, mehrjährige Pflanzen mit einem Stamm, der sich verzweigend bis über hundert Meter aufrecht halten kann – als **Naturdenkmal** zu nobilitieren, muss demnach vielfältige Gründe und Ziele haben. Das seit 350 Millionen Jahren existierende ‚Erfolgsmodell Baum' ermöglichte überhaupt erst unsere eigene Evolution durch seine Klima- und Gesundheitsfunktion sowie seine Wirtschaftsleistung. Bäume sind Geschichtenerzähler und Wissenstresore, pharmazeutische Fabriken und Psychotherapeuten – allerdings nur für Menschen, die sich mit ihnen einlassen - Menschen die sie nicht bloß oberflächlich als langweilige Landschaftskulisse oder beliebtes Heizmaterial zu Kenntnis nehmen. Wie groß eine Pflanze sein muss, um als Baum zu gelten, darüber streiten sich die Botaniker. Ich sehe das wie Jonathan Drori, ehemaliger Kurator der Royal Botanic Gardens in Kew, London und Autor von: "In 80 Bäumen um die Welt", nicht so eng, denn auch Sträucher können baumförmige Dimensionen annehmen, wenn auch bescheidenere. Die Vielfalt der Bäume ist erstaunlich groß. Mindestens 60.000 Arten sind heute weltweit bekannt. In Europa sind 454 Arten heimisch von denen 265 endemisch, also nur hier zu finden sind. Im waldreichsten Land Mitteleuropas – Österreich ist zu 48% bewaldet - , kommen 65 Baumarten natürlich vor oder sind eingebürgert. Die häufigste Art ist mit 46,2% die Fichte, gefolgt von der Buche mit 10,5 % (Österreichischer Waldbericht, 2023).

Seit mehr als 200 Jahren wird der Denkmal-Begriff auch auf besondere Erscheinungsformen der lebenden oder toten Natur, in Form des **‚Naturdenkmals'** übertragen. Der berühmte Naturforscher und Weltumsegler Alexander von Humboldt war von einem gewaltigen Mimosenbaum in Südamerika so beeindruckt, dass er der Überlieferung nach den Begriff ‚Naturdenkmal' erstmals verwendete.

Iris sibirica

Gladiolus imbricatus

Pulsatilla grandis

Sebastian-Wasserfall

Naturpark Blockheide, NÖ

Was kann ein Naturdenkmal sein und wie wird man eines?

Obwohl sie überwiegend lebendige Wesen und sogar Biotope (Lebensräume) sind, wird der Begriff juristisch definiert und in neun verschiedenen Landes-Naturschutzgesetzen exemplarisch vorgestellt. §12 des N.Ö. Naturschutzgesetzes sagt aus, dass *„Naturgebilde, die sich durch ihre Eigenart, Seltenheit oder besondere Ausstattung auszeichnen, der Landschaft ein besonderes Gepräge verleihen oder die besondere wissenschaftliche oder kulturhistorische Bedeutung haben, durch Bescheid der Behörde zum Naturdenkmal erklärt werden können.“*

Beispiele für derartige Naturgebilde sind insbesondere ***Klammen, Schluchten, Wasserfälle*** *(z.B. Sebastian-Wasserfall Losenheim, NÖ)*, ***Quellen, Bäume, Hecken, Alleen, Baum- und Gehölzgruppen, seltene Lebensräume, Bestände seltener oder gefährdeter Tier- und Pflanzenarten, Felsbildungen, erdgeschichtliche Aufschlüsse oder Erscheinungsformen, fossile Tier- oder Pflanzenvorkommen*** sowie ***Fundorte seltener Gesteine oder Mineralien***. Besondere Höhlen können ebenfalls durch Landes-Höhlenschutzgesetze geschützt werden.

Naturwissenschafter bewerten Anträge zur Unterschutzstellung nach den angeführten Kriterien in einem Gutachten und legen dieses Juristen der Naturschutzbehörde zur Entscheidung vor. Theoretisch genießt ein seltener, alter, mächtiger und vitaler Baum – die Mehrheit der aktuellen Naturdenkmäler sind Bäume – als offizielles, mit einer Tafel gekennzeichnetes und im Grundbuch eingetragenes Naturdenkmal den behördlichen Schutz vor Beschädigung und Vernichtung.

In der Realität ergeben sich aber besonders bei der Kontrolle, Erhaltung und Pflege der geschützten Bäume, für die ausreichend Fachpersonal und finanzielle Ressourcen zu Verfügung stehen müssten, große Probleme und Unterschiede zwischen den neun Bundesländern und vielen Bezirksverwaltungsbehörden in Österreich.

Wenn Naturschutz im Allgemeinen und Baum-Naturdenkmalsschutz im Besonderen optimal funktionieren soll, müsste eine aktive, transparente Kooperation und Bewusstseinsbildung von sechs Interessens-Vertretern der Öffentlichkeit wirksam werden, die nachstehend, sozusagen als Wunschtraum, dargestellt werden.

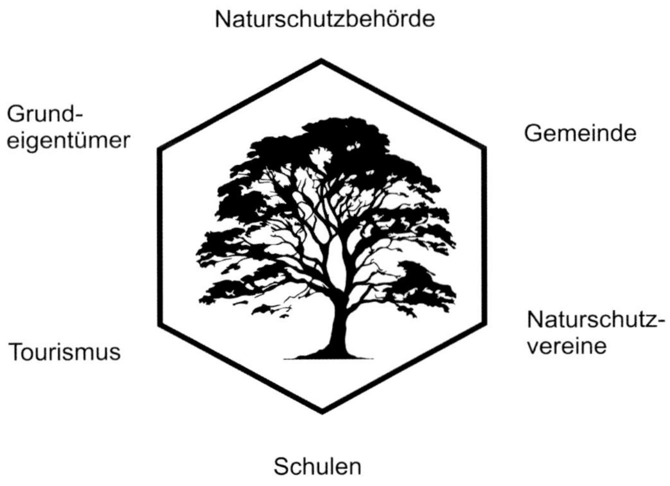

Interessenten-Sextett
an Naturdenkmälern

Die Realisierung von Schutz und Erhaltung unseres Baumschatzes hängt natürlich sehr von der Wertschätzung und dem Engagement der politisch und behördlich zuständigen Personen ab. Viele Beispiele zeigen, dass private Schutz- und Erhaltungsaktionen genauso wichtig und oft erfolgreicher sind, als die durch einen nicht gerade geringen juristischen Behördenaufwand inklusive Grundbucheintragung bewirkte „amtliche Nobilitierung" eines Baumes zum Naturdenkmal. In weiter Folge funktioniert nachhaltiger Naturdenkmalschutz nur über eine informative Kennzeichnung der geschützten Bäume, Bio- und Geotope zur Bewusstseinsbildung in der Gesellschaft, sichtbare Abgrenzung von geschützten Biotop-Flächen wie z.B. Relikt-Wälder, Feucht- und Trockenwiesen und vor allem und am wichtigsten – durch jährliche, fachliche Kontrollen und Durchführung von Pflegemaßnahmen.

Unlogisch und kontraproduktiv ist eine behördliche Naturdenkmals-Erklärung, wenn sich danach niemand mehr um den geschützten Baum kümmert, weil ausreichende personelle und finanzielle Ressourcen dafür fehlen. In größeren Städten mit eigenen Stadtgartenämtern ist eine wirksame Baumpflege daher leichter zu realisieren, als in kleineren Gemeinden.
Zu einer Lösung dieses Problems führt uns die fundamentale Überlegung, für wen der Schutz eines besonderen, vielfach bedeutsamen, hölzernen Zeitzeugen eigentlich geschieht?

Die Frage erübrigt sich, wenn das Naturdenkmal durch fehlende Kennzeichnung und Publikation in der Öffentlichkeit gar nicht bekannt ist, weil es versteckt liegt, oder auf Privatgrund schwer oder nicht zugänglich ist. An dieser Stelle möchte ich meinen besonderen Dank an die vielen Grundeigentümer (lt. Gesetzessprache ‚Verfügungsberechtigten') von Baum-Naturdenkmälern richten, die mir seit fünf Jahrzehnten mit Freude und Informationen den Besuch ihrer Baumschätze und ihre Publikation ermöglicht haben.

Das Naturdenkmal Baum ist auch ein Kulturdenkmal: Der älteste Baum von Paris - eine Robinie, gepflanzt 1602.

Der Baum wurde nach Jean Robin, dem Pharmazeuten und Botaniker der Könige von Frankreich benannt, der ihn 1601 aus Virginia in Europa einführte.

Der 'arbre remarquable' auf der Place Rene Viviani, mit einem Stammumfang von 3,90 m, wurde im Ersten Weltkrieg durch Bomben beschädigt und wird von drei Betonpfeilern gestützt. Er blüht aber immer noch.

1750 wurde diese nordamerikanische Hartholz-Baumart im Auftrag Kaiserin Maria Theresias auch in Österreich eingeführt.

ND Urwelt-Mammutbaum mit Gedenkstein

„Schiller-Eiche", Klagenfurt mit Gedenkstein

Ginkgo und Urwelt-Mammutbaum, Klagenfurt

Die Pflanzung von Bäumen als langlebiges Andenken an die Geburt der eigenen Kinder, zu Ehren berühmter Erdenbürger, oder zur Erinnerung an bedeutsame Ereignisse der Zeitgeschichte, ist ein beliebter Akt menschlicher Kulturen. Der Mensch will erinnern und erinnert werden, selbst wenn nicht alle Erinnerungen positive Gefühle erwecken und manche lieber verdrängt werden. Ob „Schubert-Linde", „Schiller-Eiche", ob zu freudigen oder traurigen Anlässen – der gepflanzte Baum wird so zum Botschafter besonders denkwürdiger Informationen.

Zwei auch blattlos faszinierende und das Innenstadtbild prägende Naturdenkmäler wurden im Klagenfurter Landhauspark gepflanzt. Ein Ginkgo und ein Urwelt-Mammutbaum erinnern beide als „living fossils" an ihre eigene, lange Baum-Naturgeschichte - der Urwelt-Mammutbaum *(Metasequoia glyptostroboides)* überdies an die Kärntner Volksabstimmung 1920.

Wiens ältestes Naturdenkmal und das Gesamtkunstwerk Schönbrunn

Versteckt hinter der Mauer des angrenzenden Botanischen Gartens, im Garten des Europäischen Patentamtes am Rennweg 12, steht die sogenannte „Tausendjährige Eibe“ (*Taxus baccata*). Sie ist der Überlieferung nach der Rest eines uralten Eibenhaines aus der Römerzeit und wurde bereits 1936 unter Schutz gestellt. Der Rennweg ist nach einem Pferderennen, dem „Scharlachrennen“ benannt, das von 1382-1534 jedes Jahr zu Christi Himmelfahrt stattfand. Nach dem Pferderennen liefen dann die jungen Männer um die Wette. Als Preis winkte ein scharlachrotes Tuch. Die hohle und mechanisch gestützte Eibe hat einen Stammumfang von etwa 3,20 m. Sie ist ein lebendes, zeitgeschichtliches Monument, das zwei Weltkriege und viele andere Katastrophen überstand.

Eiben wird oft ein sehr hohes Alter zugeschrieben, obwohl Beweise dafür fehlen. Da das dunkelrote Kernholz der ältesten Eiben durch Fäulnis vernichtet wurde, ist eine exakte dendrochronologische Altersbestimmung (durch Zählung der Jahresringe) nicht möglich. Das Alter der ältesten, auf den Britischen Inseln vorkommenden Eiben, wird mit 2000 Jahren oder sogar älter angegeben. Faktum ist, dass Eiben sehr langsam wachsen, was an den eng stehenden Jahresringen schön zu sehen ist. Charakteristisch für alte Eiben ist, dass der Baum trotz des ausgehöhlten Stammes meist eine vollentwickelte Baumkrone aufweist, bis er das Kronengewicht nicht mehr tragen kann und Teile des Baumes wegbrechen. Übrig bleiben kreis- oder halbkreisförmig stehende Stammfragmente (wie beim Naturdenkmal am Rennweg), die unter günstigen Umständen durch neue Triebe aus dem Baumstumpf oder dem Wurzelsystem ergänzt werden. Durch Verwachsen von Einzelstämmen kann sich auch ein Komplexstamm bilden.

Die immergrüne Europäische Eibe ist die schattenverträglichste und einzigartig unter den einheimischen Nadelbaumarten (Koniferen). Sie unterscheidet sich durch mehrere Eigenschaften von Föhren, Fichten, Tannen und Lärchen. Je nach Standortbedingungen wächst sie als Strauch oder Baum, an Felswänden sogar als Kriechstrauch oder –baum. Sie ist zweihäusig, männliche und weibliche Blüten befinden sich nicht auf dem gleichen Baum. Gelegentlich kommen einhäusig getrenntgeschlechtige Bäume vor. Die weiblichen Blüten besitzen nur eine Samenanlage. Der reife Samen wird von einem leuchtend roten Samenmantel (Arillus) – dem einzigen ungiftigen Pflanzenteil des Baumes – umhüllt und durch Vögel verbreitet.

Das wertvolle, rötlich-braune und schwere Holz ist hart, zäh und widerstandsfähig, weshalb es seit jeher zur Herstellung von Waffen verwendet wurde. Aus ihm schnitzte „Ötzi“ (die weltberühmte Eismumie vom Similaun-Gletscher) seinen Bogen, fertigten die Mannen Robin Hoods ihre Langbögen und die Waffenmeister Kaiser Maximilians Armbrüste. So vernichtete die Kriegsindustrie die einst vorhandenen, größeren Bestände des zweifach todbringenden Baumes.

Die toxischen Verbindungen in Holz, Rinde, Nadeln und Samen werden als Taxane bezeichnet und in Taxine, Baccantine und Taxole gegliedert. Während die Gifte für den Menschen bereits ab 50 Gramm Eibennadeln tödlich wirken können, reagieren Huftiere unterschiedlich auf sie. Pferde gelten als besonders gefährdet. Unempfindlich sind Rehe und Rothirsche, die durch Wildverbiss auch das Aufkommen der Eiben in den Wäldern behindern.

Eibengifte wurden in der Volksmedizin, hoch riskant, zu verschiedenen Zwecken angewendet. Verbindungen aus der Pazifischen Eibe (*Taxus brevifolia*) sind in der Chemotherapie metastasierender Krebsformen zugelassen. Unter den heidnischen Götterbäumen der Kelten nimmt die Eibe einen besonderen Platz ein. Bis sich das Christentum durchsetzte, bildeten im keltischen Europa die Druiden die oberste Intellektuellenkaste ihrer Stämme. „Dru-wid“, steht für: weit sehend, viel wissend. Als höchste Priester, waren sie Mittler zwischen dem Irdischen und Überirdischen, Instanzen von höchster Autorität, ungefähr wie Deutschlands Dichterfürst Johann Wolfgang von Goethe, der sich oft und gern einen „alten Merlin“ nannte.

„Lange vor den Christen lehrten die Druiden die Unsterblichkeit der Seele – mit dem Unterschied allerdings, dass für sie jedes lebende Wesen eine Seele hatte, und die Natur nicht wie eine Untertanin der Ausbeutung preisgegeben war. Welterhaltung statt bloßer Menschenerhaltung, Schöpfung als Gleichgewichts- und Gleichberechtigungslehre. Woran wir uns wohl schleunigst zu halten hätten. Die Baumzeiten sind kurz geworden und die Zeitenbäume verschwinden samt ihrer Geschichte“ … schreiben die Gründer des Internationalen Baumarchivs Bernd Steiner und die Fotokünstlerin Verena Eggmann (1946-1997) in ihrem herausragenden und zeitlosen Prachtband „Baumzeit“, Zürich 1995

Unweit vom ältesten Baum-Naturdenkmal, steht am Rennweg vor dem Botanischen Institut & Garten, die berühmteste Orientalische Platane (*Platanus orientalis*) Wiens. Wolfgang Amadeus Mozart ging an ihr vorüber, um im Haus nebenan Klavierunterricht zu geben. In diesem lebte der berühmte Arzt, Botaniker und Direktor des Botanischen Gartens und der kaiserlichen Gärten von Schloss Schönbrunn: Nikolaus Joseph von Jacquin (1727-1817). Er ist Erstbeschreiber vieler Pflanzen und Tiere.

Barockes Gesamtkunstwerk mit organischen Juwelen: Schönbrunn

Als repräsentativste Schloss- und Gartenanlage aus der Zeit der Monarchie ist Schönbrunn eine der touristischen Hauptattraktionen Wiens und aufgrund ihrer langen und bewegten Geschichte eines der bedeutendsten Kulturdenkmäler Österreichs. Erstmals erwähnt wurde der Name Schönbrunn 1642, nachdem 1619 Kaiser Matthias nach der Entdeckung eines artesischen Brunnens den Satz: „Welch' schöner Brunn", ausgerufen haben soll. Der Grundstein für den prunkvollen Wohnsitz sowie für einen Lust- und Tiergarten wurde von Maximilian II. gelegt, der das bis ins Mittelalter zurückreichende Anwesen 1569 in habsburgischen Besitz nahm. Der naturwissenschaftlich interessierte und am spanischen Hof erzogene Kaiser führte auch die Zucht spanischer Pferde ein, die zur Errichtung der höfischen Reitschule in Wien 1572 maßgeblich beitrug.

1642 ließ die Witwe Kaiser Ferdinands II., Eleonore von Gonzaga das Lustschloss errichten. Nach Verwüstungen des Anwesens im Zuge der Türkenbelagerung 1683 und dem Sieg über die Türken fasste Leopold I. den Entschluss, für den Thronfolger Joseph einen repräsentativen Neubau in Schönbrunn zu errichten. Johann Bernhard Fischer von Erlach entwarf 1688 das „Projekt Schönbrunn I" für den Kaiser.

Historisches Denkmal Palmenhaus, Wien mit mächtigem Tulpenbaum (links)

Unter Maria Theresia und ihrem Gemahl Franz Stephan erlangte Schönbrunn ab 1743 eine besondere Bedeutung als kaiserlicher Sommersitz. Schloss und Garten wurden in den folgenden vier Jahrzehnten zur barocken Prunkanlage ausgebaut. Ab 1751 ließ Franz Stephan die Menagerie und ab 1753 den Holländischen Garten als botanischen Garten anlegen.

Die 1754 für die Orangensammlung der Kaiserinwitwe Wilhelmine-Amalie, Gemahlin Joseph I., errichtete Orangerie ist mit ihren 189 Metern Länge – mehr als das Schloss – und 10 Metern Breite nach Versailles die größte Europas. Sie diente nicht nur als Winterquartier für Zitrusgewächse und andere wärmeliebenden Kübelpflanzen, sondern auch als blühender Wintergarten für kaiserliche Festivitäten. Im Sommer 1905 fand in der Orangerie die Ausstellung des Ersten Botanischen Kongresses statt, bei dem sich das Ensemble der Welt nochmals als strahlende Besonderheit präsentierte. Über 13.000 Besucher bewunderten die vielen Exponate und vor allem die gegen das Licht der Orangeriefenster gestellten Diapositive – damals eine Weltneuheit.

1880 wurde unter Kaiser Franz Joseph als letzte große bauliche Erweiterung das dreiteilige, 113 Meter lange und 28 Meter hohe, große Palmenhaus errichtet. Die drei durch Tunnel verbundenen Pavillons präsentieren die Flora von drei verschiedenen Klimazonen – ein Kalthaus im Norden, ein „temperiertes" im Mittelpavillon sowie das Tropenhaus im Süden. Das Schönbrunner Palmenhaus ist das letzte und größte seiner Art auf dem europäischen Kontinent.

Schon während der Monarchie diente der Großteil des Schlossparks als Naherholungsgebiet für die Wiener Bevölkerung. Jährlich besuchen circa 2,5 Millionen Gäste das Schloss und weitere 6,5 Millionen Menschen den Park und alle anderen Einrichtungen. Das 158 ha große Gartenareal umfasst Beete, Wiesen und kilometerlange Alleen. Im Park, der auch ein national bedeutsames Arboretum ist, entfalten jahrhundertealte naturdenkmalswürdige Solitärbäume ihre Schönheit.

Baumschätze des Schönbrunner Schlossparks: Der älteste Ginkgo Österreichs

Dieses in mehrfacher Hinsicht außergewöhnliche, hölzerne Lebewesen ist nachweislich der älteste noch lebende Ginkgobaum Österreichs und eines der ältesten Naturdenkmäler Schönbrunns. Er wurde 1781 in einer englischen Handelsgärtnerei erworben und im Bereich des Bauhofstöckls, seitlich der Hietzinger Allee gepflanzt. Als männlicher Baum wurde nach dem Zweiten Weltkrieg ein weiblicher Ast auf ihn veredelt und so aus dem zweihäusigen Baum (männliche und weibliche Blüten liegen getrennt auf zwei verschiedenen Individuen) ein einhäusiger erzeugt. Sein Stammumfang, 2023 gemessen, beträgt 3,88 m. Ein weiteres, noch dickeres Exemplar des Schlossparks, steht im Arboretum des Botanischen Gartens und hat einen Stammumfang von 4,13 m. Traumhaft schön leuchten die goldgelben Blätter der riesigen Baumkrone alljährlich im November.

Gestielte, hängende goldgelbe Samenkugel – die Samen entwickeln Buttersäure-Gestank beim Reifen, daher werden bei uns meist männliche Bäume gepflanzt.

Den mächtigsten Stamm eines Ginkgos, den ich bisher in Österreich gesehen habe, besitzt ein hoch gewachsener Baum in Pottschach-Ternitz, Niederösterreich. Er hat einen Umfang von 4,34 m und steht seit circa 150 Jahren auf Privatgrund unter der pflegenden Betreuung seiner Eigentümer.

Die ersten Samenpflanzen:
Ginkgo – ein „Lebendes Fossil" geht um die Welt

Farnpflanzen und Nacktsamer, die sich noch mit Sporen vermehrten, starteten vor etwa 400 Millionen Jahren, im Devon, die Evolution baumförmiger Individuen. Die Familie zu der unser Fächerblattbaum, *Ginkgo biloba* gehört, ist seit der auf das Devon folgenden Perm-Zeit (vor ca. 299 – 252 Millionen Jahre) bekannt. Der französische Paläobotaniker Adolphe Brongniart hat 1828 das erste fossil bekannt gewordene Blatt eines Ginkgogewächses – den „Ur-Ginkgo" (*Baiera digitata* – mit mehrfach geschlitzten Blättern) beschrieben, ohne jedoch die Zugehörigkeit zu dieser Familie erkannt zu haben. Einer einzigen Art gelang es nur, die kosmo-, geo- und anthropogenen Katastrophen ihrer 250 Millionen Jahre folgenden Stammesgeschichte zu überleben. Der Ginkgobaum ist wohl der faszinierendste Karrierist der Baumgeschichte und zugleich romantischer Inspirateur zeitloser Dichtkunst, nicht nur jener J.W.Goethes (1815):

„Dieses Baums Blatt, der von Osten
Meinem Garten anvertraut,
Giebt geheimen Sinn zu kosten."

Viele Eigenartigkeiten zeichnen diesen Baum aus. Seine gabelnervigen, meist zweilappigen Blätter („biloba"), seine Zweihäusigkeit – es gibt also „Frau und Herrn Ginkgo", die urig-primitive Befruchtungsform durch schwimmende Spermatozoide (wie bei Moosen, Farnen und Cycadeen) und seine kuriose Namensgebung, die auf einem Druckfehler beruht. Dieser schlich sich als „g" in den ursprünglichen Gattungsnamen „Ginkyo" ein, was soviel wie „Silberaprikose" heißt.

Darwin nannte ihn schon ein „lebendes Fossil“ und der Gedanke an die mesozoische Baumlandschaft, in der sich Saurier an seinem Stamm gekratzt und Urzeitechsen von seinem Wipfel erste Flugversuche durchgeführt haben, entbehrt nicht einer gewissen heiteren Bewunderung. Als sinojapanischer Kultbaum vieler Tempelanlagen, Wahrzeichen Tokios, der Universität, sogar der Müllabfuhr, wurde er um 1730 nach Europa gebracht, wo er als schadstoff- und krankheitsresistenter Park- und Straßenbaum und dank der in der Medizin verwendeten Inhaltsstoffe der Blätter, Samen und Wurzeln, seine beachtliche Erfolgsgeschichte fortsetzte. In der chinesischen Medizin lieferten die Samen („Früchte“) neben den Blättern seit Jahrhunderten Heilmittel gegen Husten und Asthma, Wurmbefall, Bluthochdruck und Angina pectoris. In der westlichen Medizin werden Ginkgo-Extrakte seit dem 2.Weltkrieg bei cerebralen Durchblutungsstörungen eingesetzt.

Die geteilte Blattform ließ in zum Sinnbild des dialektischen Yin & Yang, des weiblichen und männlichen Prinzips, von Leben und Tod, werden. 1946 zog der Fächerblattbaum, maidenhair tree, Tausend-Taler-Baum, Entenfuß, Großvater-Enkelbaum... das Weltinteresse auf sich, als bekannt wurde, dass ein Ginkgo, der in Hiroshima nur 800 Meter vom Explosionszentrum entfernt wurzelte, im folgenden Frühling aus einem teilverkohlten Wurzelstock frisch austrieb. Dieses Phänomen höchster Vitalität machte ihn zum Symbol der Unbesiegbarkeit, des langen Lebens und der Hoffnung – einer Hoffnung, die angesichts der Super-GAU von Tschernobyl 1986 und Fukushima 2011 von der angeblichen „Krone der Schöpfung“ wieder schwer erschüttert wurde. *Ginkgo biloba* – der Weltenbaum – wird auch uns Homines sapientes (weise?) überleben...

Tschitschi-Baum in Zagreb (Kresimirov-Park)

„Himmlischer Blattvorhang“

Eine besondere Bedeutung haben in Japan sehr alte Bäume, die aus noch ungeklärter Ursache an der Unterseite starker, waagrechter Kronenäste große Ausstülpungen bilden, die Frauenbrüsten ähnlich sehen und Chichi (Tschitschi) oder Tschintschin genannt werden. Diese Bäume werden als Wallfahrtsorte von jungen Frauen besucht, die um Fruchtbarkeit oder reichen Fluss der Muttermilch bitten.

„Türkeneiche", Schlosspark Schönbrunn, Wien

Dendrophile Spaziergänger finden im weitläufigen, bunten Mosaik des Parkareals ein staunenswertes Arboretum (Baumsammlung) heimischer und exotischer Arten von nationaler Bedeutung vor. Aus der Vielfalt der, laub- und nadeltragenden Baumschätze, von denen einige als Naturdenkmäler gekennzeichnet sind, möchte ich nur eine kleine Auswahl vorstellen.

Zwei mächtige Stiel-Eichen *(Quercus robur)*: Der mächtigere der beiden Bäume steht unweit des Taubenhauses und trägt den Spitznamen „Türkeneiche", da er schon zur Zeit der zweiten Belagerung durch die Osmanen existierte. Der statisch gesicherte, zwei Hauptstämme besitzende Baum dürfte um die 400 Jahre alt sein und hat einen Stammumfang von 7,40 m.

Maulbeerbaum Borke

v.l.n.r.: Die 3 Mammutbaum-Gattungen: Sequoioadendron und zwei Sequoien; Metasequioa; Sequoia

Weißer Maulbeerbaum

Sumpf-Zypresse

Neben alten, mächtigen Linden *(Tilia sp.)* und Eschen *(Fraxinus sp.)*, sowie einer Gruppe von Feld-Ahornen *(Acer campestre)* beeindrucken besonders ein sehr alter Tulpenbaum *(Liriodendron tulipifera)*, ein um die 300 Jahre alter Weißer Maulbeerbaum *(Morus alba)*, ein Pagodenbaum oder Japanischer Schnurbaum *(Sophora japonica)* und die große Zahl an Koniferen-Arten. Freunde von Mammutbäumen und „Lebenden Fossilien“ können die beiden immergrünen Arten, den Riesen- oder Berg-Mammutbaum *(Sequioadendron giganteum)* und den Küsten-Mammutbaum *(Sequioa sempervirens)* sowie die beiden sommergrünen Arten, Urwelt-Mammutbaum *(Metasequioa glyptostroboides)* und Sumpf-Zypresse *(Taxodium distichum)* bewundern, letztere mit auffälligen Atemknien am Boden.

Judasbaum, Altes AKH, Wien

Das Baum-Blütenwunder von Wien und die Blatt-Mutante im Rathaus-Park

Seit mehr als 200 Jahren beeindruckt im April ein besonderes Holzgewächs und Naturdenkmal Baumfreunde, die gezielt oder zufällig darauf stoßen. Es ist ein, zur Familie der Schmetterlingsblüter gehörender, mehrstämmiger Judasbaum *(Cercis siliquastrum L.)*, der im Hof 2 des alten Allgemeinen Krankenhauses (AKH) so gut gepflegt wird, dass seine Dimensionen die Artverwandten in der mediterranen Heimat in den Schatten stellen. L'arbre de Judee – Baum aus Judäa, gedeiht als Zierbaum nur in den milden Lagen Österreichs und ist eines der wenigen stammblütigen Gehölze Europas. Hartnäckig hält sich die Legende von Judas Iskarioth, der sich an einem derartigen Baum erhängt hätte, woraufhin dieser vor Scham rot angelaufen sei.

Schlitzblättrige Rotbuche im Rathaus-Park

Unter den 400 Wiener Naturdenkmälern – mehrheitlich historisch, ökologisch oder wissenschaftlich bedeutsame Bäume - und der fast 1000 Parkanlagen, befindet sich auch eine genetische Rarität die im Rathaus-Park mit ihrer mächtigen Krone als wohltuender, sommerlicher Schattenspender in Erscheinung tritt. Es ist eine riesige Schlitzblättrige Rotbuche *(Fagus sylvatica laciniata)*. Schlitzblättrigkeit ist eine Mutation, Störung der Erbanlagen, die negativ, aber auch erwünscht sein kann. Letzteres wird oft in der Pflanzenzucht künstlich herbeigeführt.

Alter Schwarzpappel-Riese im NP Donau-Auen

Eisvögel: Die „2 fliegenden Edelsteine" - besondere Baumliebhaber

Wie alles begann: Ein Volksschulkind hockt leise und fast unbeweglich am verschneiten Schwarza-Ufer, seinem Lieblingsspiel- und Abenteuerplatz. Eine Kopfdrehung nach links und da saß ein glitzernder, blau-türkis-oranger Vogel mit langem Spitzschnabel im Sonnenlicht, nur wenige Meter entfernt – der schönste Vogel, den es je gesehen hatte. Um den blauen Stoßtaucher, der mich seit der Kindheit an der Schwarza begleitet und fasziniert, oder den noch selteneren Tagfalter und Namensvetter zu entdecken und zu beobachten, sind Geduld und Glück notwendig. Eisvögel benötigen Bäume – der gefiederte als Jagd-Ansitz und Versteck, der schuppenflügelige *(lepidoptera)* als Nahrung für seine Raupen. Wo Pappeln und andere Au-Bäume wachsen, sind sie zuhause. Der Große Eisvogel *(Limenitis populi)* ist einer unserer größten und seltensten Tagfalter. Er trägt sogar den wissenschaftlichen Artnamen seines Futterbaumes, der Pappel *(Populus)*.

Im Höllental (Niederösterreich) – Und ewig singen die Wälder

Das Höllental der Schwarza zwischen Rax (2007 m) und Schneeberg (2075 m):
Landschaftsschutzgebiet, historische Felsschlucht und Geschichtenbuch über protestantische Holzknechte, mutige Kletter-Pioniere, berühmte Filme, Seelenärzte und markante Bäume - zum Beispiel kletternde Schwarzföhren.

„Und ewig singen die Wälder“ …

… ist die erfolgreiche Verfilmung (1959) des Romans von Trygve Gulbranssen, mit Gert Fröbe („Mr. Goldfinger“) und Hansjörg Felmy. Ein spektakulärer Drehort lag an der Schwarza im Höllental, neben der Hochstegbrücke.
Szene: Kampf mit dem Bären auf dem Felsen auf dem mehrere Schwarz-Föhren wachsen – darunter eine mit markantem, s-förmig gebogenem Stamm. Diese ist während des Kampfes (mit dem menschlichen Bären-Double) und dem Kamera-Schwenk baum- und himmelwärts kurz aber gut zu erkennen. Die Spitze des gebogenen Hauptstammes brach erst in jüngerer Zeit ab und wurde durch zwei Seitentriebe ersetzt.

In einem Seitental, versteckt am Waldrand, wächst in Schwarzau im Gebirge die stärkste Eibe des Bundeslandes. Sie hat einen fünfeinhalb Meter umfassenden, hohlen Stamm, der auch eine schmale Öffnung besitzt. Wieso diesem, gegen fünfhundert Jahre geschätzten Methusalem vor einigen Jahren der Naturdenkmalstatus entzogen wurde – in der Amtssprache heißt dies „gelöscht“ - ließ sich nicht restlos klären. Zu beobachten war, dass sich immer wieder Unbekannte mit einer Säge an den dunkelroten, noch lebenden Ästen des geschützten alten Baumes bedient haben. Bei Jägern ist die Montage von Geweihtrophäen auf Eibenbrettchen ein beliebter Brauch.

Gelöschtes ND Eibe

Vom Wesentlichen

„Wenn der Mensch in der Reizüberflutung bestehen will,
dann muss er unterscheiden lernen,
was wesentlich ist und was nicht.“

(Viktor Frankl, 1905-1995)

Viktor Frankl *(Foto Prof. Dr. Franz Vesely https://de.wikipedia.org/wiki/Viktor_Frankl#/media/Datei:Viktor_Frankl2.jpg)*

„Die Rax hat auf mich persönlich immer schon eine Faszination ausgeübt. Es ist so: Wenn ich auf die Rax komm' und wenn ich übers Plateau gehe, das ist die einzige Zeit in meinem Leben gewesen in der ich immer wieder – ich möchte sagen – meditiert habe.

Die Gedanken bekommen ihren freien Lauf und es gibt eigentlich keine größere, wesentliche Entscheidung in meinem Leben, die ich nicht auf der Rax getroffen hätte. Ich habe den Sinn meines Lebens darin gesehen, anderen zu helfen in ihrem Leben einen Sinn zu finden.“

Blick vom Raxplateau zum Schneeberg, NÖ

Nadelbaum-Weltrekorde

Unter den Nadelbäumen (Koniferen, zu deutsch: Zapfenträger) nehmen die Föhren oder Kiefern (Gattung *Pinus*) eine Sonderstellung ein. Sie sind in mehrfacher Hinsicht Rekordinhaber. Mit etwa 113 verschiedenen Arten stellen sie die artenreichste Nadelholz-Gattung dar, die weltweit die größte Bedeutung in der Forstwirtschaft besitzt. Föhren nehmen auch das größte geschlossene Verbreitungsgebiet aller Nadelhölzer ein.

Zur Langlebigen (Grannen-)Kiefer (*Pinus longaeva*), die in Kalifornien, Utah und Nevada in Höhenlagen zwischen 2200 und 3700 Meter vorkommt, gehören die ältesten) noch lebenden Baumindividuen der Welt. Berühmt ist das Vorkommen in den White Mountains, mit mehreren über 4000 Jahre alten Bäumen. Das berühmteste, 1964 in Nevada für die Wissenschaft gefällte Exemplar mit dem Namen ‚Prometheus', wies 4950 Jahresringe auf und dient als Standard für dendrochronologische Jahresringtabellen und zur Kalibrierung für die Radiocarbonmethode. Beide sind Methoden der Altersbestimmung.

Die Kanaren-Kiefer (*Pinus canariensis*) weist die längsten Nadeln auf – sie können mehrere Dezimeter lang werden. Die längsten Zapfen besitzt die Zucker-Kiefer (*Pinus lambertiana*). Sie erreichen eine Länge bis zu einem halben Meter.
Die größten und schwersten Zapfen produziert die Coulter-Kiefer (*Pinus coulteri*). Bei einem Durchmesser von rund 20 Zentimeter werden sie 20 bis 30 Zentimeter lang und bis zu zweieinhalb Kilo schwer. Unschwer vorstellbar sind die Auswirkungen, wenn ein derartiges, noch dazu mit spitzen Deckschuppen ausgestattetes, Geschoß aus entsprechender Höhe auf einen Menschenschädel trifft... Im gebirgigen kalifornischen Wuchsgebiet wird die Coulter-Kiefer daher auch „widowmaker" genannt...

Glücklicherweise geht von den Zapfen der fünf heimischen Föhren-Arten keine Lebensgefahr aus. Es sind dies die Rot-Föhre (Weiß-Kiefer, *Pinus sylvestris*), Schwarz-Föhre (Schwarz-Kiefer, *Pinus nigra*), Zirbe (Zirbel-Kiefer, Arve, *Pinus cembra*), Leg-Föhre (Krummholz-Kiefer, Latsche, *Pinus mugo*) und die Haken-Kiefer (Spirke, *Pinus uncinata*). Die kleinsten Zapfen wachsen übrigens auf der Latsche (Leg-Föhre, *Pinus mugo*). Sie bildet eine namengebende, subalpine Vegetationszone, das Krummholz oder die Latschenregion.

Was ist ein Individuum?

Die absolute Alterskuriosität unter den Bäumen breitet sich im Fishlake National Forest in Utah, USA, aus und wird seit 1992 als eines der ältesten und schwersten bekannten Lebewesen der Welt beschrieben. Hinter seinem Namen ‚Pando' (von pandere; lat. Ausbreiten) steckt eine Klonkolonie der Amerikanischen Zitter-Pappel (*Populus tremuloides*), mit einem, nicht gesicherten, Alter von 14.000 Jahren. Die Stämme dieser, mit unserer heimischen Zitter-Pappel (*Populus tremula*) verwandten Art, sind über Rhizome (Erd-Sprosse) miteinander verbunden und werden als Einzelorganismus betrachtet.

Einzelne, der etwa 47.000 Baumstämme, die auf einer Fläche von über 43 Hektar stehen, werden selten älter als 120 Jahre, die ganze Klonkolonie, auch Genet genannt, ist aber weit älter. Zitter-Pappeln vermehren sich überwiegend vegetativ, sodass die genetisch identen Rhizom-Schößlinge bis zu vierzig Meter voneinander entfernt aus dem Erdreich wachsen können. Was aussieht wie ein Wald, wird als Einzelindividuum gesehen, was aber sehr umstritten ist.

Ich denke, dass diese Definition von ‚Individuum' – genetisch idente Bäume, die über das Wurzel-Sprosssystem zusammenhängen, sehr eigenartig ist und noch viele Diskussionen auslösen wird. Bei nicht verholzenden Pflanzen, etwa Maiglöckchen, Einbeere, Weißwurz und vielen anderen, käme man nicht auf die Idee, die vielen aus dem Rhizom entstandenen, vegetativen Vermehrungsprodukte als ein Individuum zu betrachten.

Felskletterer im III. Grad:
Schwarzföhren am Schneeberg, NÖ

Mosaik des Lebens

Einen Auerhahn, Rauhfuß-Kauz, Dreizehen-Specht oder Alpenbock vor die Kameralinse zu bekommen ist ein echter Glücksfall. Eine zoologische Besonderheit gelang am 24. Juni 1987, bei einer Schul-Exkursion, mit der Erstentdeckung der Birkenmaus *(Sicista betulina montana)* – einer Langschwanzmaus mit schwarzem Rückenstrich - im Latschen-Dickicht auf der Rax in N.Ö. Sie ist eines der seltensten und wahrscheinlich das jüngst entdeckte Säugetier Österreichs (1952 in den Wölzer Tauern).

Die berühmteste Baumart Österreichs:

Pinus nigra austriaca

Die schlanken, hochwüchsigen Schirm-Föhren oder die knorrig verbogenen Extremkletterer, die sich in die steilen Felsgrate und Wände von Rax und Schneeberg krallen, ziehen immer wieder die staunende Aufmerksamkeit des Wanderers und Bergsteigers auf sich.

Eigenartigerweise wurde unsere Schwarz-Föhre (*Pinus nigra*) bis zum Ende des 18. Jahrhunderts sogar vom Hofbotanicus Clusius verkannt und für eine Varietät der Rot-Föhre (Weiß-Kiefer, *Pinus sylvestris*) gehalten. Erstmals findet sich 1785 in der Schrift „Reise nach Mariazell in der Steyermark" von. J. F. Arnold (möglicherweise ein Pseudonym), eine botanisch richtige Beschreibung und Namensgebung. 1834 wird sie in einer Monografie (Höss) *‚Pinus austriaca'*, also ‚Österreichische Föhre' genannt, doch der ältere Name *‚nigra'* behielt nach den botanischen Nomenklaturregeln seine Gültigkeit. In aller Welt wird sie aber immer noch als ‚Österreichische Föhre' bezeichnet, schließlich wurde sie in Österreich wissenschaftlich geboren und Saatgut aus Wiener Neustadt wurde in vielen Ländern zur Aufforstung verwendet.

Pinus nigra ist eine submediterran-mediterran-montane Baumart, die in fünf Unterarten eine zerstreute Verbreitung, hauptsächlich um das Mittelmeer hat. Als Tertiär-Relikt konnte sie an begünstigten Stellen des Alpenostrandes die Eiszeit überdauern.

Schwarz-Föhren, die ältesten lebenden Bäume in Österreich?

Für die Richtigkeit dieser Annahme sprechen die Befunde dendrochronologischer Untersuchungen, die Forstbotaniker am westlichen Rand des Wiener Beckens seit 1996 erhoben. Insgesamt wurden 720 Bohrkerne aus Schwarz-Föhren entnommen und die Jahresringe mikroskopisch vermessen. Neben geschlossenen Beständen von 200-300 Jahren, Grenzbäumen mit bis zu 400 Jahren und Einzelbäumen mit rund 600 Jahren, wies eine Schwarz-Föhre 843 Jahresringe auf.

Als „Bockerl“(Zapfen) aus Wr. Neustadt, N.Ö. zur Handelsware wurden – Föhren für die Welt

Das im südlichen Wiener Becken liegende Steinfeld war einst, wie der Name bereits andeutet, eine unfruchtbare, öde Landschaft. Bereits Kaiser Friedrich III. begann diese Ödflächen bei Wr. Neustadt mit Samen – allerdings von Rotföhren, zu kultivieren, was von seinem Sohn Maximilian I. fortgeführt wurde. Nachdem die Rotföhrenpflanzen, deren Samen aus Nürnberg importiert wurden, eingingen, führten erst Pflanzungen aus Schwarzföhrensamen zum Erfolg. Spuren zur Anlage des Waldes konnte DI Dr. Herbert Kohlross in seiner Dissertation (2011) bis ins späte 15. Jahrhundert zurückverfolgen. Maria Theresia versuchte während ihrer Regentschaft (1740-1780) ebenfalls den kargen Boden fruchtbarer zu machen. Dies geschah durch Anlegen von Bewässerungskanälen, Ansiedlung von Bauern und intensive Aufforstungen mit Föhrensamen inmitten der Niederösterreichischen Schwarz-Föhren-Region. Wiener Neustadt und das Umland wurden so nicht nur zu einem Ort der Gewinnung von wertvollem Pech (Harz), aus dem viele nützliche Stoffe gewonnen wurden, sondern auch von Forstsamen. Das Sammeln und der Verkauf der „Bockerl“ bedeutete einen einträglichen Zugewinn für Waldbesitzer und Bauern. Um die Qualität, besonders die Keimfähigkeit, zu gewährleisten, wurden die Zapfen in sogenannten „Klenganstalten“ getrocknet und durch Rüttelsiebe von ihren Flügeln befreit. Der Name „Klenganstalt“ rührt vom hörbaren Geräusch, beim Trocknen aufspringender Zapfen her (klingen, klengen, klenken). 1862 wird die erste derartige Forstsamen-Firma erwähnt, von der es in Wr. Neustadt bis 2016 mehrere gab. Der Straßenname „Klenggasse“ erinnert noch an diesen, einst wichtigen Wirtschaftszweig, durch den von Wr. Neustadt aus Forstsamen in viele europäische und außereuropäische Länder verschickt wurden.

Der Vierbrüderbaum von Vöstenhof, N.Ö. – Nachruf auf einen sterbenden Riesen

Sein wahres Alter ist unbekannt und nur zu schätzen. Das langsame Sterben der, mit 7 Meter 30 Stammumfang, mächtigsten Schwarzföhre Österreichs - wahrscheinlich Europas - begann schon vor mehr als zehn Jahren. Durch Kriegseinwirkung und Blitzschläge verlor sie zwei der ursprünglich vier vorhandenen Hauptstämme und wurde mehrmals restauriert. Noch ist Leben in den zwei verbliebenen Stämmen. Gerne erinnere ich mich an den Besuch im Herbst 2002, zusammen mit Kurt Mündl, der für einen Universum-Film auf der Suche nach dem ältesten Niederösterreicher war (Foto rechts).

Begeistert schreibt der Schweizer Baumgeschichtsforscher und Gründer des Internationalen Baumarchivs im monumentalen Buch „Baumzeit“ (1995), wie er sich, zusammen mit der kongenialen Fotografin Verena Eggmann-Steiner (1946-1997) auf der Straße von Pottschach-Ternitz, N.Ö. aufwärts, dem besonderen Baumwesen näherte.

„Die Steigung verflacht sich, und die Straße macht eine sanfte Kurve nach rechts. Wir wissen, dass wir den Ort eines besonderen Baumes bald erreicht haben müssen. Auf dem Scheitelpunkt der Kurve zeigt der Finger der Fotografin geradeaus über die Biegung hinaus: Rund 3 km vor uns steht eine enorme Baumgestalt vor dem Wald, undeutlich noch, aber schon ergreift uns eine ebenso enorme Erregung. Es sollte die mächtigste europäische Kiefer sein, die wir bis dahin zu sehen bekommen hatten. Kiefern dieser Dimension hatten einst geradewegs zum großartigsten und langlebigsten Zauberer der europäischen Sagengeschichte geführt.“
(Anm.: Merlin)

Die „Fleischesser-Föhre“ von Ternitz-Flatz, Niederösterreich

Eine seit 1942 unter Naturdenkmalschutz stehende Schwarz-Föhre steht im Naturpark Sierningtal-Flatzer Wand auf 750 m Seehöhe über der zur Stadtgemeinde Ternitz gehörenden Ortschaft Flatz. Mit einer Höhe von 24 m und einem Stammumfang von 3,56 m (3.1.2023) gehört sie zu den wenigen, mächtigeren Vertretern im Bezirk Neunkirchen. Ihr Alter wird auf 400 Jahre geschätzt. Den eigentümlichen Namen hat sie von ihrem ehemaligen Besitzer, einem Flatzer Bauern namens Fleischesser, zu dessen Besitz der Wald mit der Föhre gehörte. Der Wald wurde einige Male geschlägert, doch die Föhre wurde verschont und durfte weiterleben.

Der letzte Fleischesser war, wie schon seine Eltern, dem Alkohol verfallen. Nach und nach ging der elterliche Besitz zugrunde. Den Rest machte Fleischesser jun., er war Junggeselle, noch „flüssig“. So wechselten nach und nach alle Wälder, Felder und zuletzt das Haus seinen Besitzer. Dieser Besitzwechsel dürfte um die Zeit des ersten Weltkrieges erfolgt sein. Fleischesser war jahrzehntelang, bis zu seinem Lebensende, 1945, Knecht beim damals sehr bekannten Toni-Wirt (Anton Scheibenreif). Seither ist in Flatz der Name Fleischesser ausgestorben. Er lebt nur mehr im Lokalnamen der alten Föhre und der Geschichte vom traurigen Niedergang ihrer Besitzer weiter.

Die „Urschl-Föhre“ in Miesenbach-Scheuchenstein, Niederösterreich

Ziemlich versteckt steht seit geschätzten 300-400 Jahren eine prächtig gewachsene Schwarz-Föhre nahe des Kanzelsteiges, am Rande eines Waldhanges und eines nicht markierten Forstweges. In ca. 950 m Seehöhe trotzt der hoch gewachsene, ehemalige Grenzbaum erfolgreich den Wettereinflüssen, worauf eine verheilte, den Stamm durchziehende Blitzspur, deutlich hinweist. Zufällig hat er fast denselben Stammumfang wie die zuvor beschriebene „Fleischesser“-Föhre, nämlich 3,65 m (5.4.2025)! Nach mündlicher Auskunft von Einheimischen erhielt der Baum seinen Lokalnamen von einer ehemaligen Grundeigentümerin („Urschl“=Ursula), die sich in einem Grenzstreit gegen die Herrschaft des Gebietes erfolgreich durchgesetzt hat.

Walter Lybal (1906-1990)
Föhre am Schneeberg

Bruder Baum

Dein irdisches, schweigendes, duldsames Leben
heißt immerzu aufwärts, heißt himmelwärts streben;
erbittest mit Ästen, gleich betenden Händen
den Schöpfer, er möge dein Schicksal doch wenden.
Gib, Herr, doch den Menschen für dich mehr Verstehen,
dann könnten dich froh ihre Enkel noch sehen.

Bleib Mittler uns stets zwischen Erde und Himmel,
ein Pol noch der Ruhe im Menschengewimmel;
du fragst nicht nach Anfang und nicht nach dem Ende,
bist da – das genügt, bis zur zeitlichen Wende.
Es dämmern herauf zukunftsdüstere Zeiten - - -
Wie lang wirst du uns noch durch‘s Leben begleiten?

Gar mancher von dir, ach so jung noch an Jahren,
schon wurde brutal er zuschanden gefahren.
Drei Brüder am Platze, gar stattliche Eichen,
sie trotzten den Stürmen, und mussten doch weichen
dem Bauwerk aus kaltem Beton und aus Eisen -
der Mensch will damit SEINE Stärke beweisen.

Wie traurig – und hat es bis heut‘ nicht erfasst:
Nicht Blätter, nicht Blüten, nicht Schnee sind dir Last,
ER SELBST ist sein einziger, tückischer Feind!
Wer weiß, wieviel Tränen um dich man noch weint
bis endlich im Morgenrot Frieden und Ruh‘ -
DIE KRONE DER SCHÖPFUNG, MEIN BRUDER, BIST DU!

Alois Krausner-Eichtinger, Enzenreith (1919-1998)

Eine uralte Schirmföhre -

lebendes Andenken an den „Raxvater“ *

Kein anderer Mensch trug zur Beliebtheit der Rax mehr bei, als der langjährige Pächter des Otto-Hauses (1644 m) und „Schutzengel“ der Rax-Bergsteiger, Camillo Kronich (1876-1958). Sechzig Jahre verbrachte er auf „seinem“ Berg, den er durch Wegbauten und Steigversicherungen für viele Wanderer noch attraktiver machte. Fototechnisch auf der Höhe seiner Zeit bewarb er den Hausberg der Wiener auch mit künstlerisch anspruchsvollen Landschaftsaufnahmen, die er als Postkarten bis 1950 vertrieb.

Die alte Schirmföhre auf der ‚Brandschneide‘, SW Photo Camillo Kronich, 1904

Die Komposition des Motivs „Auf der Brandschneide“ von 1904 – seit 1962 als „Camillo Kronich-Steig“ benannt – mit Doppelgesicht-Felsen, Bergsteiger und Baum, dokumentiert die Gabe seines Blickes für Bildwirkung.
Das exakte Alter der dreistämmigen, vom Boden verzweigten und sich mit einem Stamm an den Felsen anlehnenden Schwarz-Föhre ist nicht bekannt. 300 Jahre sind eine Mindestschätzung, aber vielleicht ist sie doppelt so alt?

** Nicht zu verwechseln mit dem als „Raxkönig“ historisch und literarisch berühmt gewordenen Gosauer Holzknecht, Georg Hubmer (Huebmer) (1755-1833), dem seine Wahlheimatgemeinde Nasswald ein gebührendes und lebendiges Andenken bewahrt.*

Peterg‘stamm oder Zolitsch (Primula auricula) - ein gelb blühendes Dufterlebnis

Picasso lässt grüßen - Surreale Verwitterungs-Kunst in Föhrenholz Brandschneide, Rax

Zwei Riesenfichten, Erinnerung an den ‚Raxkönig‘

Steinröschen (Daphne cneorum) verleihen dem kargen Kalkschutt der Brandschneide Farbe und Duft

Wie alt mag sie wohl sein, die Schirmföhre auf der 'Brandschneide'

Auf den Spuren der Sommerfrische im Reichenauer Tal

Unauffällig und daher wenig bekannt, liegt in Reichenau an der Straßengabelung Edlach/Hirschwang ein besonderes Arboretum. Es ist ein Park-Kleinod vom Feinsten und gehört zum gleichnamigen Park-Hotel, das am Ort der wahrscheinlich ersten Sommer-Villa errichtet wurde. Es war dies die ‚Villa Trautenberg', die nach 1844 Demeter von Constantinovics aus einem bäuerlichen Gutshaus errichtete.

Die folgenden Besitzer der, nach dem dahinter liegenden Vorberges der Rax benannten Villa, waren berühmte Persönlichkeiten aus der Kultur, Wirtschaft und dem Adel, beginnend mit dem Komponisten Friedrich von Flotow (ab 1867) und dem Bankier und großen Gönner der Gemeinde, Baron Viktor Alexander von Erlanger (ab 1873). Durch Verehelichung seiner Tochter Adolfine mit Alfred Graf Salm-Hoogstraeten ging der Besitz 1891 zu gleichen Teilen an das Ehepaar Salm über.

Unter den vielen imposanten Bäumen des gepflegten Parks sticht eine der schönsten und mächtigsten Rotbuchen (Stammumfang: 5,35 Meter – Kronendurchmesser: 35 Meter) im südlichen Niederösterreich heraus.

Bilder dieser Doppelseite v.l.n.r.

- *Erholsame Rast im Arboretum des Park-Hotels*
- *Winteridylle im Arboretum des Park-Hotels, mit noch jugendlichem Mammutbaum*
- *Die imposante Kandelaberbuche vor dem Mittagstein (1301 m), Park-Hotel Hirschwang, N.Ö.*
- *Ilexbeeren sorgen für die Farbtupfen im Park-Gemälde*
- *Schwarz-Föhrengruppe, Reichenau Park-Hotel*
- *40 m hohe Fichten*

Der hölzerne Riesenkrake – Kandelaberbuche, Hirschwang a. d. Rax

Erinnerung an einen Eichen-Riesen und die alten Griechen

Dies muss wohl die mächtigste Eiche im Schwarzatal gewesen sein, bevor sie 1926 der Straßenverbreiterung im Wege stand. Die sogenannte „Tausendjährige" im Steinhofgraben der Kur- und Marktgemeinde Reichenau an der Rax war eine wichtige Wegmarke für Spaziergänge von Reichenau zur Rotte und Villenkolonie Schneedörfl. Sie war auch im Ortsführer von 1905 mit der Bezeichnung „Rieseneiche" abgebildet. Auf der hier dargestellten alten Ansichtskarte ist irrtümlich „Reinhofgraben" angegeben.

Keine andere Kultur als die griechische hat uns so viele Verbindungen von Bäumen mit hohen und niederen Göttern hinterlassen, etwa Zeus und die Eiche, Apoll und der Lorbeer oder Athene und der Olivenbaum. Man denke auch an die Dryaden, die bekanntesten, attraktiven und baumnahen Nymphen. Mit dem griechischen drys war zuerst jede Art von Baum gemeint, bevor es auf „Eiche" eingeengt und der Baum dendron genannt wurde. Dryaden sind daher nicht nur Eichen-Nymphen, sondern generell Baum-Nymphen – mit Ausnahme der, melia genannten, Eschen-Nymphe.

Dass der Mensch von Bäumen abstamme (Dendrogonie) ist eine Idee aus archaischen Zeiten und Vorstellung vieler Völker. Dazu passt die Aussage der Griechen, dass die Eiche noch vor dem Menschen geschaffen worden sei und die Bekräftigung alter Erzählungen durch den Sizilianer Diodor im 1. Jahrhundert v. Chr., dass Eichen unsere Urmütter darstellen würden. Nach Bernd Steiner („Götterwohnungen") scheint die Zuordnung der Eiche an viele indogermanische Hauptgötter, wie Zeus, Jupiter, Taranis, Thor, Perkunas usw. in ihrer beeindruckenden Altersgestalt, ihrer Lebensdauer und der Härte ihres Holzes liegen.

Mammutbaum & Lebensbäume: Relikte eines adeligen Unterganges

Die Schatten der Geschichte, die auf diese Familien fielen, waren in ihren Auswirkungen vergleichbar mit dem riesigen Schatten, den die im Oktober 1994 einem Sturm zum Opfer gefallene, riesige, denkmalgeschützte Linde (Foto rechts) warf. Die Ruine neben dem Mammutbaum war einst die schmucke Villa der Baronin Helene von Vetsera, geborene Baltazzi, der Mutter Mary Vetseras.

Der mythenumwobenen Tragödie von Mayerling – Mord und Selbstmord durch Marys Geliebten Kronprinz Rudolf am 30. Jänner 1889 – folgten weitere, die zum Weltkrieg und Zusammenbruch des Habsburger-Reiches führten.

Als für die drei genannten, historisch und wirtschaftlich bedeutsamen Familien, noch die Sonne des Glücks und Erfolges schien, muss der Park und sein Baumbestand an der Semmeringbahn wunderschön gewesen sein. Wahrscheinlich werden in einigen Jahren nur mehr einige mächtige Koniferen, wie die zahlreichen Riesen-Lebensbäume *(Thuja plicata)* und der solitäre Mammutbaum *(Sequiadendron giganteum)*, als immergrüne Überlebende, an die Geschichte des Habsburger Gottesgnadentums und seines Unterganges erinnern.

Der eingezäunte Privatgrund ist ohne Genehmigung nicht zu betreten. Den illegalen Ermutigungen zu folgen, die im Internet zu lesen waren, ist dringend abzuraten. Der Mammutbaum (Naturdenkmal) und die Riesen-Lebensbäume sind auch von der Straße und der Semmeringbahn aus zu sehen.

Bilder rechts

- ***Im Schatten eines verschwundenen Baumriesen***
- ***Riesen-Lebensbaum, Thuja plicata***
- ***Glänzende Blattzierde des Riesen-Lebensbaumes***

Lost Places: General Sherman und 'Sisi' in der Villa Warrens

Die Villa Warrens in Payerbach-Mühlhof war eine der ersten, jedenfalls die erste prachtvoll errichtete Villa im Semmeringgebiet und damit wegweisend für die touristische Entwicklung, die zehn Jahre später die gesamte Region von Payerbach und Reichenau bis zum Semmering erfasste. 1850 wohnte der Journalist Eduard Warrens im Schloss Mühlhof, um vom Bau der Semmeringbahn zu berichten. Nach Erwerb des Nachbargrundstückes ließ er von 1854 bis 1858 durch Otto Thienemann eine Villa im Stil der Tudorgotik errichten. Sie diente nach ihm, zuerst dem amerikanischen General William T. Sherman, der im Sezessionskrieg eine wichtige Rolle einnahm, und schließlich im Sommer der Weltausstellung 1873 der österreichischen Kaiserin Elisabeth als Sommersitz. Durch den Aufenthalt der Kaiserin wurde das als 'Villa Payerbach' bezeichnete Anwesen in der gesamten Monarchie bekannt.

Nach Sherman wurde ein im Zweiten Weltkrieg und im Koreakrieg eingesetzter Panzer M4 Sherman benannt. Weniger bekannt ist, dass General William T. Sherman, seinen zweiten Vornamen, 'Tecumseh' , von seinen Eltern wegen der großen Verehrung des gleichnamigen Indianerhäuptlings der Shawnee durch seinen Vater erhielt. Auch zu nomenklatorischen Ehren in der Botanik kam der alte General: der 'General Sherman Tree' im kalifornischen Sequoia-Nationalpark, ist mit einem Stammvolumen von 1486,9 m^3 der größte lebende Baum der Erde!

Obwohl die Villa Warrens den Zweiten Weltkrieg wenig beschädigt überstand, wurde sie leider nicht restauriert und 1952 abgerissen. Erhalten sind nur mehr das Gärtnerhaus und das Eingangsportal in den Park, sowie die Erinnerung an berühmte Gäste und Bäume.

Pflanzliche Giganten: Die höchsten und schwersten Lebewesen der Welt

Mammutbäume bilden eine Unterfamilie der Zypressengewächse (*Cupressaceae*) und existieren heute nur mehr in drei monotypischen Gattungen, das heißt, sie bestehen nur mehr aus je einer lebenden Art. Fossil sind allerdings mehrere Arten bekannt. Diese drei Gattungen sind: *Sequoiadendron*, *Sequoia* und *Metasequoia*.

Die aus Nordamerika in der zweiten Hälfte des neunzehnten Jahrhunderts in Europa von betuchten Grundbesitzern, vor allem des Adels, eingeführten Mammutbäume der Art *Sequioadendron giganteum* (Riesen-Mammutbaum, Wellingtonia) waren damals bestaunte Kuriositäten.

Die immergrüne Belaubung von *Sequoia* und *Sequioadendron* besteht aus schmalen, spitzen Schuppenblättern, die spiralig angeordnet in drei Reihen um den Trieb laufen. Die Bestäubung der einhäusigen Bäume (männliche und weibliche Blütenzapfen auf einem Baum) erfolgt durch den Wind. Die reifen Zapfen verbleiben lange am Baum und geben die Samen erst bei Trockenheit

„General Sherman" Sequioa-NP und die Giganten von Yosemite

oder nach starker Hitzeeinwirkung, wie sie bei Waldbränden entsteht, frei. Nach Waldbränden herrschen besonders gute Keim- und Wachstumsbedingungen. Eine, mit diesen wiederkehrenden Katastrophen zusammenhängende Besonderheit, ist die ungewöhnlich dicke (bei alten Bäumen bis 75 Zentimeter!) orange- bis dunkel rotbraune, tief längsrissige Borke. Diese tote Rinde ist weich, tanninhaltig und harzfrei. Sie ist der Schutzmantel des Baumes bei Waldbränden, die in seinem über tausendjährigen Leben nicht selten vorkommen. Der Baum ist ein 'Pyrophyt' (pyros; griech. Feuer).

Wildwachsend kommt Sequioadendron giganteum nur mehr in der Sierra Nevada Kaliforniens vor. Die natürlichen Bestände in ihrem Relikt-Areal, den Nationalparks Yosemite, Sequoia und Kings Canyon sowie in National Forests, sind weltberühmt, aber gefährdet. Die Riesen erreichen Wuchshöhen von 95 Meter und Stammumfänge von über 34 Meter! Der bereits erwähnte 'General Sherman Tree' ist der voluminöseste Baum der Welt. Zu den ältesten Bäumen zählt der 'President' mit etwa 3200 Jahren! Die unvollständige Jahresringzählung am Stumpf eines abgestorbenen Baumes, lieferte sogar einen Schätzwert von über 3500 Jahre.

Mit einem Stammvolumen von nahezu 1500 m^3 und einem geschätzten Gewicht von über 2400 Tonnen sind sie – neben dem Höhenrekord – auch die schwersten Lebewesen der Erde auf höherer Evolutionsebene, das heißt, exclusive Pilze. Zum Vergleich: Ein Airbus 380, dessen Produktion aus ökonomischen Gründen eingestellt wurde hat ein Startgewicht von knapp 600 t; ein Blauwal wiegt etwa 140 t. Entdeckt wurde die Art 1852 von A.T. Dowd. 1853 schickten der Botaniker William Lobb und der Schotte J. Matthew größere Samenmengen nach Europa, das sie nun nach der Eiszeit ein zweites mal erobern konnten. Der Gattungsname *Sequoiadendron* (wie auch der, der beiden anderen Gattungen von Mammutbäumen: *Sequoia* und *Metasequioa*) geht wahrscheinlich auf den Cherokee-Indianer Sequoyah zurück, der im frühen 19. Jahrhundert die Silbenschrift für die Sprache der Cherokee erfand. Laut DUDEN Learnattack GmbH (website lernhelfer.de) wurde der Name durch den Botaniker und Sprachforscher Stephan Endlicher (1804-1849) geprägt. Dieser wollte damit den Irokesenhäuptling „Se-Quo-Yah" des pazifischen Nordwesten ehren, der in seiner Zeit Hunderte von Indianersprachen mit einer Spezialschrift festgehalten und so der Nachwelt überliefert hat.

Mit dem englischen redwood wird aber nicht nur der Riesenmammutbaum – giant redwood – bezeichnet, sondern auch der Küstenmammutbaum *(Sequoia sempervirens)* – coast redwood - der sogar Höhen von 115 Meter erreicht und der Urweltmammutbaum *(Metasequoia glyptostroboides)* – dawn redwood.

Bei uns sind die „alten Riesen" heute nicht mehr selten anzutreffen. Zwischen Gloggnitz und dem Semmering sind mir mindestens acht dieser Baumriesen bekannt. Am bekanntesten ist wohl der unter Naturdenkmalschutz stehende, und mit einer Informationstafel markierte Baum bei der Payerbacher Pfarrkirche. 1873 wurde er von Pfarrer Karl Schauta gepflanzt und in den ersten Winterjahren ausgegraben und in einem Topf ins Pfarrhaus gebracht. Die Informationstafel bei den zwei geschützten Bäumen im Gloggnitzer Schlosspark erinnern an die ausgestorbenen tierischen Begleiter und Nutznießer der seit der Kreide-Zeit existierenden „Lebenden Fossilien" unter den Bäumen – an pflanzenfressende Saurier.

***Sequoiadendron giganteum*, Zapfen, Prein**

Die beiden mächtigsten, das heißt, mit größtem Stammumfang, sind zwei nicht unter Denkmalschutz stehende Riesen auf Privatgründen und daher nur mit Erlaubnis der Grundbesitzer aus der Nähe zu bestaunen. Die „Nr.1" mit einem Stammumfang von 9,20 Meter (in 1,30 Meter Höhe) wächst auf einem Herrschaftlichen Gut in Linsberg bei Erlach (Bez. Wr.Neustadt). „Nr.2" mit einem Stammumfang von 7 Meter schmückt eine, einst berühmte historische Gartenanlage - das „Gut Hermannswörth" in Prein an der Rax (Bez. Neunkirchen). 1890 vom Kammersänger Fritz Schrödter erworben und in ein traumhaftes

Arboretum verwandelt wurde sie sogar im 1913 erschienene Buch „Die Gartenanlagen Österreich-Ungarns" großzügig beschrieben und bebildert. 1916 erwarb es Emanuel Grab „Ritter von Hermannswörth" und gab ihm den Namen „Hermannswörth".

Eine Koniferenart mit Verwechslungspotential: Die Kalifornische Flusszeder – der Bleistift-Baum

Mit *Sequoiadendron giganteum*, dem Riesen-Mammutbaum teilt sie nicht nur die Familienzugehörigkeit und Heimat sondern auch das habituelle Erscheinungsbild. Aus der Ferne betrachtet könnte man *Calocedrus decurrens*, die Kalifornische Flusszeder (Weihrauchzeder, Rauchzypresse) für einen Mammutbaum halten. Sie ist ein hochwüchsiger Baum mit mächtigem, säulenartigem Stamm und im Freistand durch bis zum Boden reichender dichter Krone, der über 1000 Jahre alt werden kann. Aus der Nähe jedoch erkennt man besonders deutlich an den zarten, aus sechs Schuppen aufgebauten, länglichen, einjährigen Zapfen, aber auch an den Thujen-ähnlichen Zweigen und Schuppenblättern und der orangefarbenen, längsrissigen Borke, dass es sich um eine andere Art handelt. Ihr natürliches Vorkommen liegt in den US-Amerikanischen Bundesstaaten Kalifornien und Oregon sowie im mexikanischen Bundesstaat Baja California.

Calocedrus decurrens, Bad Sauerbrunn, Bgld.

In den Vereinigten Staaten ist *Calocedrus decurrens* – der Gattungsname leitet sich von griechisch kalos für „schön" ab – der Hauptlieferant für Bleistift-Holz. Es ist weich und riecht intensiv nach Weihrauch. Nicht überall wo „Zeder" draufsteht, ist auch „Cedrus" drin. Verschiedene Gehölze, die sich durch einen charakteristischen Duft auszeichnen, werden als „Zeder" bezeichnet. Dazu gehören neben der Weihrauchzeder auch die Weißzeder (Riesen-Lebensbaum, *Thuja plicata*) und der Virginianische Wacholder *(Juniperus virginiana)*, der auch Rotzeder genannt wird. Echte Zedern gehören zur Familie der Kieferngewächse und stammen aus der Alten Welt.

In Wien sind 4 Kalifornische Flusszedern offizielle Naturdenkmäler. Meinem ersten Exemplar dieser auffallenden Konifere begegnete ich im Kurpark von Bad Sauerbrunn im Burgenland, nur wenige Kilometer von Wiener Neustadt entfernt. Es ist zwar nicht explizit unter Naturdenkmalschutz, doch seine Besonderheiten machen diesen, den Kurpark dominierenden Riesen mit einem Stammumfang von 2,7 Meter, zu einem potenziellen Naturdenkmal.

Blick vom Silbersberg

Schloss Gloggnitz und die 2 Mammutbäume im Eibenhain

Blick in die Gloggnitzer Bucht: Die Felder und der Baumbestand im Vordergrund (FEZ-Park) sind Vergangenheit. Hier verläuft die Abzweigung der Bahntrasse in den Semmering-Basistunnel (SBT)

Rund um den Forellenstein – Die Gloggnitzer Bucht und ihre Schätze

In der geologisch vielfältigen Südbucht des Wiener Beckens liegt Gloggnitz, N.Ö. (442 m), eine geschichtsträchtige, aber auch naturhistorisch bedeutsame Kleinstadt an der Schwarza. Überregional ist sie als Beginn des UNESCO-Weltkulturerbes ‚Semmeringbahn' bekannt und durch das Schloss – einem ehemaligen, 1094 gegründeten, Benediktinerkloster. Dieses beherbergte 1992 die Niederösterreichische Landesausstellung „Die Eroberung der Landschaft: Semmering, Rax, Schneeberg".

In Gloggnitz kam der erste Bundespräsidenten der Ersten Republik – Dr. Michael Hainisch (1858-1940) zur Welt. Er bewohnte am Eichberg, nahe der Südbahn-Haltestelle, eine Villa als Sommersitz. Seine Mutter Marianne Hainisch (1839-1936) gründete die Österreichische Frauenbewegung und führte den Muttertag in Österreich ein. Beide sind, zusammen mit dem früh verstorbenen Sohn Fritz, in einer Familiengruft im Wald nahe der Villa bestattet.

Durch die Aktivitäten der zweiten historischen Persönlichkeit – Dr. Karl Renner (1870-1950) - kann Gloggnitz als Geburtsort der Zweiten Republik genannt werden. Beide Persönlichkeiten waren in der Bevölkerung sehr beliebt und genossen hohes Ansehen. Renner war seit 1910 Besitzer einer Villa, in der 1979 ein sehenswertes Zeitgeschichte-Museum eingerichtet wurde. Wie bereits erwähnt, ist die „Stadt in den Bergen", wie sie wegen ihres, gegen das Wiener Becken offenen Bergrahmens genannt wird, nicht nur reich an Geschichte, sondern auch in biologischer und geologischer Hinsicht.

Es treffen hier 4 geologische Zonen zusammen, die einen bunten und chemisch vielfältigen Gesteinsuntergrund bereitstellen. Es sind dies die ***Nördlichen Kalkalpen, die Grauwackenzone, die Zentral(alpen)zone und das Wiener Becken***.

Unter den den acht geschützten Naturdenkmälern befinden sich fünf Bäume, eine Baumgruppe (der Eibenhain im Schlosspark), ein Relikt-Biotop (Auwaldrest) und das GEOTOP 'Johannesfelsen-Forellenstein'. Der Schlosspark wird dominiert von einer Ansammlung alter, vermutlich in der Barockzeit gepflanzter Eiben (ein Baum mit Stammumfang von 2,54 m) und zwei jüngeren Mammutbäumen (*Seqoiadendron giganteum*).

Bilder v.l.n.r.: ND Eibenhain, Schlosspark Gloggnitz, Blick in die Eibenkrone, der mächtigste Baum im ND ‚Eibenhain', Stammscheibe einer illegal umgeschnittenen ND-Eibe, Gloggnitz, Silbersberg

Die große Besonderheit des Standortes ist aber eine geologische – das Gestein, das ihn aufbaut. Es ist ein, in dieser Mineralzusammensetzung einzigartiger Riebeckit-Gneis, der aufgrund seiner Optik 'Forellenstein' genannt wird. Dieses metamorphe Gestein besteht aus einer fein ausgewalzten, hellen Grundmasse aus Quarz und Feldspat, in der Flecken und Streifen aus schwarz-blauer Hornblende (Riebeckit/Arfvedsonit) und rötlicher Hämatit. Weiters fallen feine, grünliche Punkt-“Wolken“ von Ägirin, einem Na-Fe-Silikat der Pyroxen-Mineralgruppe auf. Seine Herkunft wird diskutiert, sodass man sich mit der Vorstellung begnügen muss, dass im Erdaltertum (Ordovicium) – neuere Untersuchungen deuten auf ein jüngeres (Jura) Alter – ein saures Eruptivgestein (Alkalirhyolit) aus einer nicht gefundenen Magmakammer emporgepresst und metamorph überprägt wurde. Geochemisch auffällig sind die erhöhten Gehalte an Li, Zn, Zr, Nb, Y und Rb.

Platt und zu Cabochons geschliffener Forellenstein

Wenn man bedenkt, dass die alte (entfernte) behördliche Naturdenkmalstafel noch die falsche Bezeichnung 'Granit' (Ortho-Riebeckitgranit) enthielt, gibt es bei einigen geschützten Naturdenkmälern (auch bei Bäumen) Klärungsbedarf.

ND Schlitzblättrige Rot-Buche in Gloggnitz

Wir befinden uns hier in der Grauwackenzone, die durch ihre Erzlagerstätten berühmt ist und deren überwiegend saure Böden in Verbindung mit dem milden Klima die Voraussetzung für das Gedeihen der wärmeliebenden Edelkastanien (Maroni, *Castanea sativa*) bilden. Zwei alte und dementsprechend dicke, aber nicht geschützte, Edelkastanien kann man vom Schlosspark aufwärts leicht erwandern. Der mächtigere (5,70-6 m Umfang) steht vor dem Hof 'Aigner', rechts an der Straße, die zur ÖBB-Haltestelle Eichberg führt.

Der zweite, die „Wappel-Edelkastanie“, benannt nach einem ehemaligen Gasthaus am Gotschenkogel des Eichbergs, befindet sich unweit südlich des ersten Baumes am 'Bahn-Wanderweg' (oberhalb der Weinweg-Abzweigung). Von diesem Baum aus hat man einen guten Ausblick auf die kurvige Trasse der Semmeringbahn um den Vorderen Eichberg und auf einige weitere Maronibäume. Dekorativ steht ein imposantes Exemplar eines 'Urwelt-Mammutbaumes' (*Metasquoia glyptostroboides*, „Wassertanne“, Chinesisches Rotholz)) vor dem Eingang zum Gloggnitzer Naturbad . Mit einem Stammumfang von 3,90 m gehört es zu den stärksten Exemplaren dieser altertümlichen Art in Österreich – ein potenzielles Naturdenkmal. In der Kreidezeit (vor 145-66 Mio. J.) war die Gattung mit zehn Arten vertreten, von denen nur unsere beschriebene überlebt hat.

Grabdenkmal, Grubenkatastrophe 1924

Fossiles Metasequoia-Holz wurde, zusammen mit tertiären Ur-Elefantenzähnen, im nahegelegenen, ehemaligen **Harter Braunkohle-Bergwerk** (1840-1943)* gefunden. Diese alte Baumgattung gilt daher mit Recht als 'Lebendes Fossil'. Entdeckt wurde die Art erst 1941 in SW-China (Setschuan und Hupeh), 1944 erstmals beschrieben und ab 1948 eingeführt. Metasequoien sind winterhart und schnellwüchsig, können über 50 m hoch und 400 Jahre alt werden, zum guten Gedeihen brauchen sie aber Wärme. Ihre weitestgehend gegenständigen Benadelung lässt sie leicht von der habituell ähnlich aussehenden und ebenfalls sommergrünen Echten Sumpfzypresse (*Taxodium distichum*) unterscheiden, deren Nadeln wechselständig angeordnet sind.

**Hier ereignete sich am 26. Juni 1924 das größte Grubenunglück der Ersten Republik, bei dem 29 Bergleute starben.*

ND Edelkastanie, Graben Nr. 8 (BHU: 8,25 m) am Waldrand der Weitblickhöhe auf Privatgrund!

Edelkastanie am Eichberg (Fam. Aigner)

Edelkastanie am Eichberg (ehem. Wappl)

Metasequoia glyptostroboides, „Urwelt-Mammutbaum“ vor dem Naturbad-Eingang
Blick in eine Urweltbaumkrone, Metasequoia (sommergrüner Zweig)

Ehemaliges ND „Moarhof-Linde“, Raach am Hochgebirge, NÖ (Jänner 1996)

Solitäre Rot-Föhre mit „verliebtem“ Nebenstamm, Raach am Hochgebirge, NÖ

Naturdenkmal Baum trifft Technik – Weltkulturerbe Semmeringbahn

Kalte Rinne Viadukt, Adlitzgräben

Kalte Rinne, Polleroswand und Krausel Klause

Kalte Rinne Viadukt

Der nicht gefundene „Adlitzbeerbaum“

Im Nahbereich der ersten Gebirgsbahn der Welt (1848-1854), die auch heute noch immer eine technische und manuelle Höchstleistung darstellt, befinden sich auch einige hölzerne Naturdenkmale, von denen ich zwei besondere, bzw. besonders kuriose, ausgewählt habe. Eines vorweg: Den seltenen „Adlitzbeerbaum“ beim Hof des Bauern Polleros habe ich, trotz Nachsuche im Gelände und Erkundigung bei den Nachfahren des „Napoleonbauern“, nicht gefunden. Er ist wohl der Phantasie des in Heiligenkreuz geborenen Schriftstellers Ottokar Janetschek entsprungen, der 1906 durch sein Zusammentreffen mit Peter Rosegger animiert wurde, Romane zu schreiben. Hinter dieser „Adlitzbeere“ - auch Oadlitzbeer oder Atlasbeere genannt – verbirgt sich der nicht häufig vorkommende Elsbeerbaum *(Sorbus torminalis)*, siehe Seite 113-115.

Die wirtschaftliche Bedeutung dieser besonderen Laubbaumart wurde in den letzten zwanzig Jahren wiederentdeckt und sogar eine touristische Genussregion, „Elsbeere Wienerwald“ (Mostviertel) mit mehreren Elsbeer-Wanderwegen, ins Leben gerufen. Dieser gesuchte, aber wie angemerkt, nicht gefundene alte „Adlitzbeerbaum“ wuchs im Roman **„Der Napoleonbauer“** (1930) beim Hof des Pollerosbauern, dem sturen wie militanten und zu Zornausbrüchen neigenden Gegner der im Entstehen begriffenen Semmeringbahn. Hier wird der Baum durch Anbringung eines roten Tuches zum Signalbaum für den geflohenen Halterbuben, der sich den vom Jungbauern hinterlegten Proviant gefahrlos holen kann, ohne auf den rabiaten Altbauern zu stoßen. Polleros schaffte es 1805 nicht, Eingang in die Geschichtsbücher zu finden, indem sein Versuch scheiterte, den Franzosenkaiser Napoleon, dessen Soldaten das Land besetzten und sich in Schottwien einquartierten, bei der Myrtenbrücke zu erschießen. Im Semmeringbahn-Roman „Der Napoleonbauer", der 2004, zum 150 Jahr-Jubiläum, neu aufgelegt wurde, hat ihm Janetschek aber ein literarisches Denkmal gesetzt. Ottokar Janetschek (1884-1963) machte in der Zwischenkriegszeit Karriere als Bahnbeamter und brachte es bis zum Bundesbahn-Zentralinspektor. Berufsbegleitend absolvierte er das Jus-Studium. Unter seinen zehn biografischen Romanen, unter anderem über Mozart, Beethoven, Schubert und Kaiser Franz Josef, ist „Der Raxkönig" (1941) – über den protestantischen Holzknecht und Schwemmmeister Georg Hubmer (Huebmer), der in Naßwald wirkte und auch dort begraben liegt, am bekanntesten.

ND Rot-Buche beim Orthof, Breitenstein

Neben den bereits vorhin beschriebenen Mammutbäumen und Edelkastanien an der Bahn (zwischen Gloggnitz und Payerbach) erweckten besonders zwei geschützte, alte Bäume vor vielen Jahren mein Interesse: Eine Rotbuche im Eselbachgraben am Orthof (Breitenstein). Sie ist mit einem beachtenswerten Stammumfang von 4,92 Meter ein auffälliger Koloss am Wanderweg, der vom Orthof den Eselbachgraben abwärts in die Preinrotte führt. In unmittelbarer Nähe zu ihr stehen alte abgestorbene und ein noch lebender, mächtiger Berg-Ahorn. Das Kuriose an diesem Naturdenkmal (die Tafel wurde scheinbar gestohlen) ist seine zweifache, falsche Art-Bestimmung im Bescheid der Behörde. Sie wird dort als „Hainbuche" bezeichnet – überschrieben ist der zwar gestrichene, aber ebenfalls falsche und noch mysteriösere Artname „Steineiche" (eine immergrüne, mediterrane Baumart).

Das zweite Naturdenkmal ist ein Riesen-Lebensbaum *(Thuja plicata)*: Das auffällige, aus Nordamerika stammende Zypressengewächs steht an der Straße im Adlitzgraben unterhalb des Viaduktes „Kalte Rinne" und der Pollereswand. Der Doppelstamm hat einen Umfang von 6,10 Meter , wobei die zwei Einzelstämme 4,38 und 3,55 Meter Umfang aufweisen. Da sich der Baum schon in 1,30 Meter Höhe verzweigt wurden die Maße ausnahmsweise in 1,20 Meter Höhe genommen (Oktober 2023).Der Riesen-Lebensbaum ist im nordwestlichen Nordamerika eine forstlich bedeutsame Baumart und wurde in der zweiten Hälfte des 19.Jahrhunderts, zunächst als Garten- und Parkbaum in Mitteleuropa eingeführt. Er kann über 1000 Jahre alt und 70 Meter hoch werden, sowie einen Stammumfang von mehr als 12 Meter erreichen. Sein leichtes, dauerhaftes Holz besitzt einen weißen Splint (> Weißzeder) und rotbraunen Kern (Western Red Cedar im englischen Sprachraum). Für die indigenen Stämme (First Nations) der pazifischen Nordwestküste mit

ND Thuja plicata, ein zwei-stämmiger Riesen-Lebensbaum

Schwerpunkt Vancouver Island bildeten Produkte dieser, bis 70 Meter hochwachsenden Baumart, eine Lebensgrundlage. Aus dem Holz wurden Kanus, Häuser und Totempfähle hergestellt, der geflochtene Rindenbast zu Seilen, Netzen, Körben und Kleidung verarbeitet.

Die Pflanzengattung *Thuja* (Lebensbäume) gehört ebenso wie die Gattung *Juniperus* (Wacholder) zu den Zypressengewächsen, während Arten der Gattung *Cedrus* (Zedern) zu den Kieferngewächsen zählen. Kurios ist die amtliche Beschreibung auch dieser zweistämmigen Konifere, da sie, wie die Rotbuche, im Naturdenkmals-Bescheid ebenfalls falsch als „Zwillings-Nutka Scheinzypresse" *(Chamaecyparis nootkatensis)* aufscheint. Auch hier fehlt die Naturdenkmal-Tafel!

Immergrüner Wächter an der Semmeringbahn: ein besonderer Lebensbaum mit Lok 1144 auf dem Viadukt Kalte Rinne

Thuja plicata, winterlicher Zapfenzweig

„Prigglitzer Abendrot“ - Eine „neue“ Apfelbaum-Sorte als lebendes Kultur-Denkmal

Unsere Kulturpflanzen zu denen selbstverständlich auch die Obstbäume gehören, sind ein, seit tausenden von Jahren gehüteter und genutzter Naturschatz. Erst durch Beobachtung, Angreifen, Kosten und Verarbeitung entdeckten unsere Vorfahren die Eignung manch einer Pflanze für nützliche Zwecke. Die natürliche Evolution stellt durch ihren „Motor der Veränderung“ - Mutation und Rekombination – immer wieder neue Typen der Lebewesen her, die den Menschen zu einer weiteren Veränderung und Vermehrung anregten – zur Züchtung.

In der menschlichen Kulturgeschichte – nicht nur der Ernährung – spielten und spielen Früchte von Holzgewächsen eine bedeutsame Rolle. Aus dem wilden Holz-Apfel *(Malus sylvestris)* und der Holz-Birne *(Pyrus pyraster)*, dem Schlehdorn *(Prunus spinosa)* und Wild-Zwetschken und den vielen anderen Fruchtbaumarten, entstanden über viele Menschengenerationen durch Züchtungs- und Vermehrungstechniken - also geistiges Kultur-Handwerk - unsere tausenden, weltweit vorhandenen großfrüchtigeren und nährstoffreicheren Apfel- und Birnensorten. Seit etwas mehr als zehn Jahren erforschen Obstbaumexperten der Arche Noah die Obstwiesen von Prigglitz, N.Ö. Bernd Kajtna und Thomas Dirnböck geben über das Projekt „Förderung und Erhaltung der Obstkultur in den Gemeinden Jaidhof und Prigglitz“ Auskunft (www.arche-noah.at/wissen/projekte). Es konnten rund 2000 Bäume in den Gemeinden kartiert und bestimmt werden. Obst-Kurse, Veranstaltungen (Prigglitzer Apfeltag) und ein Workshop in Schulen waren Teil des Projektes.

Die Gemeinde Prigglitz, N.Ö. (635 m) liegt in 3 km Luftlinie nordwestlich von Gloggnitz am Rand der Grauwackenzone und den Nördlichen Kalkalpen. Der Kontrast von schroffen Bergformationen der Kalkalpen am Abhang des Gahns und den weichen, hügeligen Landschaftsformen der Grauwacke macht wohl einen Großteil des landschaftlichen Reizes der Gegend aus. Zusätzlichen Charme erhält die Landschaft durch die noch gut erhaltene bäuerliche Kulturlandschaft. Streuobstwiesen um die verstreuten Einzelhöfe, alte Apfel- und Birnenbäume als Alleen an den Straßen, dazwischen ein Mosaik von Mähwiesen und Weiden, hie und da , in den Gunstlagen, ein Getreidefeld. Prigglitz liegt auch klimatisch an einer Randzone. Das pannonische Klima mit kalten Wintern und heiß-trockenen Sommern geht an der sogenannten „Thermenlinie“, am Rande des Wiener Beckens, in ein Bergklima über. Die teils uralten, knorrigen Edelkastanien, wie sie in der Gegend recht häufig zu finden sind, bezeugen diese klimatische Gunstlage. Alles in allem herrschen in Prigglitz ideale Voraussetzungen für den extensiven Anbau von Äpfel und Birnen.

Die Orts-Chronik gibt Auskunft über die Anfänge des Obstbaues. Es war der Schulmeister Franz Leitgeb, der in der ersten Hälfte des 19. Jahrhunderts Baumschulen anlegte und wertvolle Obstsorten einführte. Sein Wirken führte dazu, dass jeder Bauer bald 100 Eimer Most jedes Jahr erzeugen konnte, das waren gut 5000 Liter! Die Verarbeitung zu Saft und Most ist auch heute die mit Abstand wichtigste Nutzungsform. In Prigglitz sind zwei große Apfelpressen in Betrieb und Most wird bei zwei Heurigen und im wunderschönen Gut Gasteil ausgeschenkt. Ein nachhaltiger Obstbestand setzt sich aus einer Mischung aus einem Drittel Jungbäumen, Bäume im Vollertrag (1/3) und einem Drittel Altbäume (über 60 Jahre) zusammen. In Prigglitz sind die untersuchten Bestände tendenziell überaltert. Die Hauptapfelsorte ist hier die sehr seltene Sorte „Königin Olga“, von den Besitzern auch Zwiebelapfel und Motscher genannt. Motscher ist allerdings eine unspezifische Bezeichnung für einige weitere rote Sorten. Die Bedeutung und Herkunft dieses Ausdrucks sind unklar. Königin Olga ist ein sehr guter Lagerapfel mit ausgezeichnetem Aroma.

Im Obstgarten der Familie Zwickl stehen gezählte 500 Streuobstbäume. Das Sortenspektrum umfasst mehr als 50 Apfel- und Birnensorten unterschiedlichster Reifezeit. Eine plausible Erklärung für die enorm große Anzahl an Obstsorten liefert Karl Zwickl: „In früheren Zeiten wurde das Obst mit einfachen Korbpressen zu Most verarbeitet. Das Zerkleinern und Pressen war eine körperlich anstrengende Arbeit, die viel Zeit in Anspruch nahm. Die Bauern konnten unmöglich den Jahresbedarf an Most im Oktober herstellen. Aus arbeitstechnischen Gründen wurde Obst über einen längeren Zeitraum und in mehreren Durchgängen gepresst. Daher pflanzten die Bauern Obstsorten mit verschiedenen Reifezeiten. Die ersten Früchte wurden im Juli, August verarbeitet. Im September und Oktober folgten die Herbstsorten. Die Winteräpfel wanderten im Oktober-November in die Presse.“

Mit leistungsstarken Obstpressen, wie sie heute in Prigglitz im Einsatz sind, können 500 kg Früchte in einer Stunde verarbeitet werden. Die Presse ist 6 Wochen in Betrieb. Die Früchte der Sommer- und Herbstsorten wie Danziger Kant, Kaiser Alexander und frühreife Birnen, fallen vor der Press-Saison vom Baum und bleiben mehr oder weniger ungenutzt.

Bilder oben v.l.n.r.: „Prigglitzer Abendrot" in Blüte; in Karl Zwickls Reich kurioser Apfelbäume
Bilder unten v.l.n.r.: Die alte, neu benannte Apfelsorte; buschiger Apfelliebhaber Siebenschläfer

Mostbauern pflanzen daher heute bevorzugt späte Herbstsorten, Winteräpfel und spätreifende Mostbirnen. Eine der vielen Besonderheiten der Prigglitzer Streuobstwiesen sind verschiedene Typen von Süßäpfel, darunter der neu benannte und getaufte „Süße Klapperapfel". Wenn der süße Apfel geschüttelt wird, hört man die losen Samen klappern. Eine robuste, mit auffällig rotgestreiften und hellen Tupfen und einer stark fettigen Schale versehene Apfelsorte wurde von den Kindern der VS Prigglitz auf den Namen „Prigglitzer Abendrot" getauft. Die Sorte wurde früher nicht als eigenständig erkannt und mit der Sammelbezeichnung ‚Motscher' belegt. Eine schöne Aktion, die hoffentlich das Bewusstsein der jungen und älteren Bevölkerung für das Natur- und Kulturdenkmal Baum fördert.

ND Weißdorn,
Thomasberg, NÖ

INRI

Heilig gewordene Bäume

Kirchenfenster mit Lebensbaum von Clarisse S. Praun, roman. Pfarrkirche Hochneukirchen, NÖ

Die Heiligsprechung

„In der Welt des Altertums waren Religionen entstanden, hatten sich verändert oder gespalten, verschwanden auch wieder. Immer vorhanden war aber der Glaube an Magie, an Zauber, Vorhersage und Zeichendeutung, an die Macht von Zahlen, Sternen, Knochen, Bildern, Formeln, Blut, Prozessionen, Analogien, (...) und nicht immer war oder ist das nur Volksglaube. Eine Idee allerdings blieb: Der Baum als Symbol des Lebens und der zyklischen Wiederkehr..."

...schreibt der Schweizer Schriftsteller, Künstler und Baumhistoriker, Bernd Steiner, Gründer des Internationalen Baum Archivs (IBA) und Erforscher der – nicht nur - kulturhistorischen Beziehung zwischen Menschen, Göttern und Bäumen.

„Größte Erbin der Baum- und Quellenverehrung wurde die Gottesmutter. Ihr Bild und ihre Altärchen hängen an Linden, Eichen, Ulmen, Fichten, Platanen usw., ihre Kapellen stehen in hohlen Eichen, Linden, Eiben und natürlichen Quellgrotten... Es ist Volksbrauchtum, doch kirchlich begleitet und integriert in die christliche Kultur. Der verantwortliche Mann im Hintergrund, dass Maria als große Retterin und als eine aus Bäumen wirkende Gnadengöttin durch die folgenden Jahrhunderte zieht, ist ein vielgerühmter und vielzitierter Mönch der Zisterzienser. Der Ordensgründer Bernhard von Clairvaux (1090-1153) war einer der glühendsten Marienverehrer, die es je gab. Sein Mutter-Sohn-Verhältnis zu Maria ließ den bisher nicht überaus auffälligen Marienkult erst richtig aufschießen. Gleichzeitig war er einer der mächtigsten Männer seiner Zeit und die Klöster waren Besitzer immenser Ländereien mit Heerscharen unfreier Landarbeiter."

„Heilig" gewordene Eiche bei Thernberg, N.Ö., Stammumfang: 7,55 m (!), Alter:...?

ND Bildahorn am Semmering unweit der Pfarrkirche an der Hochstraße, Ansichtskarte 1904.

„Heidenbäume ohne Ende?"

„Hatten die meisten Einzelvölker bis zum Ende Roms die eigenen Ursprünge vor allem in versprengten Trojanern gesucht, begannen sie diese im Nachgang zur Christianisierung in Abkömmlingen Abrahams oder Noahs zu suchen. Alle wollten jetzt die eigene Herkunft biblisch legitimieren. Was verstört, ist der in seiner Radikalität und Geschwindigkeit einmalige Versuch, gleichzeitig vergangene Geschichte aus dem kollektiven Gedächtnis der Menschen zu **«löschen»***. Das Motto hieß: Außer dem, was die Bibel erzählt, hat es nichts gegeben. Oder erlosch das Heidnische doch nicht? Die Aufrufe zahlreicher Synoden und Konzile vom 5. bis ins 18. Jahrhundert verordnen mehr oder weniger gleichlautend* **«die Tilgung aller Spuren von alten Kulten, insbesondere von Bäumen, Quellen und Steinen»**. (Anm. d. Verf.: Vergleiche dazu auch das Verschwinden einer „heidnischen Buche" im niederösterreichischen Buchbach bei Ternitz; Abschnitt über die „Europareise eines ungleichen Paares").

Hinzu kam im 8./9. Jahrhundert der Indiculus superstitionum et paganiarum, ein Aberglaubenverzeichnis, das auch die verbotenen Heilbräuche und Heilzauber aufzählt, darunter Votivgaben in Form **«hölzerner Füße und Hände nach heidnischem Brauch»***. In Schweden verfügte im 14. Jahrhundert ein gotländisches Landgesetz,* **«Keiner möge Wälder noch Hügel noch heidnische Götter noch heilige Stätten oder Einhegnungen anrufen»***. 1632 verbot eine päpstliche Bulle wegen solcher Umtriebe portugiesischen Frauen ausdrücklich* **«den Zutritt zum Wald»***.*

Die Verehrung von Heidenbäumen schien also trotz aller Verbote kein Ende zu nehmen. Für Jakob Grimm am Anfang und Wilhelm Mannhardt am Ende des 19. Jahrhunderts wie für die Autoren des vielbändigen Handwörterbuchs des deutschen Aberglaubens von 1927, das weit über deutsche Verhältnisse hinausgreift, lag damit der Beweis vor, dass in Europa vorchristliche Kulte und Riten lebendig geblieben wären. Dingmagie und Wortzauber, Animismus und Pandämonie, seit Jahrtausenden in allen Völkern verbreitet, waren nicht verschwunden, sondern erlebten unter christlichen Vorzeichen eine neue Blüte. Vieles davon lässt sich leicht beobachten, auf dem Land so gut wie in den Sekten, nicht zuletzt in der Kirche selbst: Berührungsmagie, Ähnlichkeitsmagie, Imitationsmagie, Wortmagie, Schriftmagie. Ebenso unterhält der Vatikan nach wie vor eine eigene Exorzistenabteilung zur Austreibung teuflischer Dämonen. Die einst als heidnisch gebrandmarkten Votive menschlicher Gliedmaßen sind längst zum festen Inventar der Wallfahrtskirchen geworden."

Quelle: Bernd Steiner, Götterwohnungen. Eine Kulturgeschichte der sakralen Bäume und Haine aus fünf Jahrtausenden, Verlag Johannes Petri, Basel 2014.

Auf der Suche nach den ältesten Niederösterreichern

Die „1000jährige Linde“ von Kirchberg am Wechsel und der Drache einer adeligen Familie

Was könnte uns dieser prachtvolle Riese, der sich in die südöstliche Ecke des gleichnamigen, altehrwürdigen Gasthauses und Hotels schmiegt, wohl erzählen? Erwähnt wird der Baum bereits in einer Urkunde um 1400 – erstmals abgebildet auf einem Stich des 16. Jahrhunderts.

Auf einer meiner „Baumsuchfahrten“ mit Freunden – für die Naturdenkmal- und Orchideen-Ausstellung 1993 im Schloss Gloggnitz – kehrten wir bei der Seniorchefin der „Linde“, Frau Anna Hennrich (1920-2000) ein, die uns von ihrem Baum erzählte und alte Ansichtskarten und einen alten Stich zeigte. Er war einst auch eine „Tanz-Linde“ in deren Baumkrone man mit Holzbalken eine Plattform für die Musikanten errichtete, die lustig von oben herab zum Tanze aufspielten. Unter den vielen Gästen, die im Schatten der mächtigen, das Haus überragenden Krone, ausruhten oder Speis und Trank genossen, waren auch Prominente wie Peter Rosegger, Erzherzog Salvator und Bundespräsident Dr. Michael Hainisch, um nur wenige zu nennen. Von einem in Kirchberg am Wechsel geborenen Designer, Künstler und Lehrer – Reinhold Zwerger – soll noch im später folgenden Abschnitt: „Künstler ist, wer von Natur viel versteht“ - die Rede sein.

Die unter Naturdenkmalschutz stehende Winter-Linde *(Tilia cordata)* hat einen Stamm-Umfang von 7,30 Meter und ist bei einer Kronenbreite von 20 Meter ca. 25 Meter hoch. Der als Straßen-, Zier- und Arzneibaum (Lindenblütentee) beliebte, historische Kult-Baum hat regen Zuwachs durch östliche Arten bekommen, die gelegentlich kultiviert werden. Es sind dies vor allem die Silber-Linde *(Tilia tomentosa)*, die von der Balkan-Halbinsel stammt und die Krim-Linde, eine Hybride aus *Tilia cordata* und *Tilia dasystyla (Tilia x euchlora)*.

2002 erhielt ich einen Anruf von Kurt Mündl (1959-2019), dem mehrfach ausgezeichneten Dokumentarfilmer (u.a. 38 ORF-Universum-Filme) und Biologen. Er war gerade im Gasthaus zur „1000jährigen Linde“ zu Gast. Für sein Filmprojekt „Time Flashes in Blue-Yellow“ - 25.000 Jahre Kultur- und Naturgeschichte Niederösterreichs – befand er sich auf der Suche nach den ältesten Niederösterreichern, und das sind natürlich Bäume.

Einige Tage später besuchte ich mit diesem begeisterungsfähigen, viel zu früh verstorbenen Naturfilm-Spezialisten und seinem zweiten Kameramann, Franz Ceh, die drei ältesten Baum-Naturdenkmäler im südlichen Niederösterreich: die Eibe in Schwarzau im Gebirge, den „Vierbrüderbaum“ (Schwarz-Föhre) von Vöstenhof und die Edelkastanie vom Holzweg in Ternitz.

Bilder oben v.l.n.r.: Anna Hennrich † mit Hund „Boris" † und Gästen unter der Linde (1998); die ehemalige Tanzlinde vor Laubausbruch im April, Postkarte (1901)
Bilder unten v.l.n.r.: Winterlinde in Blüte, Baumkrone überragt das alte Gasthaus, Correspondenzkarte (1915), alte Naturdenkmals-Tafel (1935)

Für den ersten europäischen Film im digitalen Format, der für ein IMAX-Kino produziert wurde, wählte er schließlich die Edelkastanie aus. Von den Römern nach Mitteleuropa gebracht, passte sie auch szenisch optimal zu den Aufnahmen der römischen Legionen auf dem Weg nach Carnuntum.

P.S.: Dass dem IMAX-Kino, einst neben dem Technischen Museum in Wien gelegen, nicht einmal die Lebensspanne eines Jungbaumes vergönnt war, ist sehr schade. Atemberaubende Aufnahmen unserer Erde und der Wunder der Natur, projiziert auf eine gebogene 400m²-Filmleinwand machten es zu einer spannenden Kultur-Bildungsstätte.

Baum- und Familienraritäten um Schloss Steyersberg – Drache inklusive

Schloss Steyersberg mit Wappendrachen

Unweit von Kirchberg am Wechsel und der alten Linde liegt mit dem Schloss Steyersberg die größte und besterhaltene Burganlage der Buckligen Welt. Sie befindet sich in der Marktgemeinde Warth im Bezirk Neunkirchen, 11,5 km südöstlich von Neunkirchen. Als Burgschloss Anfang des 13. Jahrhunderts errichtet, gehörte es zur Befestigungslinie, die Herzog Ottokar IV., der letzte Traungauer, zum Schutz der Steiermark gegen Österreich hatte anlegen lassen. Die ursprünglich ziemlich kleine Anlage diente als Verteidigungsort und Zufluchtstätte und wurde nach mehrfachem Eigentümerwechsel im Jahr 1600 vom Freiherrn Ehrenreich Wurmbrand-Stuppach erworben. Dieser und seine Nachfolger erweiterten die Burg und Befestigung und bauten sie zu einem geräumigen, wohnlichen Renaissance-Schloss aus. Als Besonderheit ist die Holzdecke des Speisesaals zu erwähnen, die seinerzeit zur Ausgestaltung der Franzensburg in Laxenburg an Kaiser Franz I. abgetreten wurde. Als Ersatz befindet sich hier seit dem 19. Jh. eine Kassettendecke aus dem Südtiroler Schloss Schwanburg. Die Grafen von Wurmbrand-Stuppach, die zu einer der ältesten Adelsfamilien Österreichs gehören, waren im 17. und 18. Jahrhundert bedeutende Männer, die ihre Dienste dem Hause Habsburg zur Verfügung stellten. Reichshofrat (mit 27 Jahren) Johann Joseph Wilhelm von Wurmbrand (1670-1750) hatte unter Kaiser Karl VI. großen Einfluss auf die Führung der Staatsgeschäfte und gilt als „Vater der österreichischen Genealogie". Noch heute befindet sich Steyersberg, zu der, eine Geländestufe höher, ein schlossähnlicher Gutshof mit der „Wurmbrand'schen Forst- und Gutsverwaltung" gehört, im Besitz der international verzweigten Familie.

In unmittelbarer Umgebung des Schlosses gab und gibt es mehrere bemerkenswerte Bäume, etwa einen ungewöhnlich mächtigen Berg-Ahorn, der direkt vor der Schlosszufahrt steht. Er erlitt leider durch einen Schaden im Spalt der Stammverzweigung den Abriss eines starken Nebenstammes und ist nun eine traurige, fast halbierte Baum-Ruine.

Berg-Ahorn vor Schloss Steyersberg (2011) mit Lamas

Berg-Ahorn, gesunde Seite des Baumes (2023)

Auf dem Fahr-und Spazierweg zum Naturdenkmal „5 Linden“ (10 Minuten), vorbei am prachtvollen Schloss, wird der Baum-und Kulturfreund vom Wappentier der Wurmbrands begrüßt: Ein Bronze-Drache mit brennendem Pfahl im Rachen thront vor dem Schloss auf einem hohen Steinsockel. Der Sage nach sei zur Zeit der Kreuzzüge der Ritter der Burg im Heiligen Land verschollen geblieben. Die trauernde Witwe habe demjenigen Hand und Land versprochen, der den greulichen Lindwurm (Drache, Tatzelwurm), der jene Gegend in Angst und Schrecken versetzte, erlege. So kam ein mutiger Bauer der gerade seinen Zaun errichtete in die Familie, indem er einen angeglühten Zaunstecken dem schnaubenden Lindwurm in den Rachen stieß und ihn tötete.

ND Sommer-Linde in Aspangberg-St.Peter, Langegg mit Stammhöhle (1993)
Naturdenkmal „5 Linden“ in Schlossnähe (10 Gehminuten)
ND Sommer-Linde in Warth-Palm mit Lämmchen (1993)

„Die Märchen und die Sagen, die kann kein Mensch erschlagen“
(Max von Schenkendorf, 1783-1817)

Der alte Feld-Ahorn von Seebenstein, N.Ö.

Unverdient unbeachtet steht ein alter, für Baumliebhaber auffallend dicker Feld-Ahorn *(Acer campestre)* im Bereich des Wald-, Baum- und Holz-Lehrpfads am Fuße des Seebensteiner Schlossberges. Das Besondere an diesem einheimischen Feld- und Waldgehölz ist seine Mächtigkeit, die der Baum mit einem Stammumfang von fast 4 Metern (3,90 m) und einer für sein unbekanntes höheres Alter noch recht gut erhaltenen großen Krone dokumentiert. Feld-Ahorne dieser Dimension sind selten anzutreffen, da sie in unserer Natur- und Kulturlandschaft eher als Kleingehölz oder jährlich rückgeschnittener Hecken-Strauch auftreten. Da er an einem Rastplatz des sehr informativen und Interesse erweckenden Waldlehrpfades steht, der auch Austragungsort der N.Ö. Waldjugendspiele für die Schulen des Bezirk Neunkirchens ist, steht dieses potenzielle Naturdenkmal in guter Betreuung von naturbewussten Menschen der Gemeinde und der Forstaufsicht.

Ein Traum von Baum: Die „1000-jährige" Stiel-Eiche im Wechselgebiet, Niederösterreich

Ein Baum, dessen Vitalität und Dimension der Krone eine bewundernswerte Rarität im heimischen Baumleben darstellt. „Eine Krone wie ein Wohnblock", schrieb ich vor 30 Jahren, als ich das erste Mal unter der, damals 31 Meter spannenden Baumkrone stand. Im Mai 2023 betrug der neu vermessenen Kronendurchmesser in Ost-West-Richtung 37 Meter.

Wie macht das dieser Baumriese, dessen Stammumfang mit 6,60 Meter auch nicht zu den Schwächsten zählt? Liegt es am Lokalklima des Wechselgebirges[*)], wo er seit vielen hundert Jahren auf 700 Metern Seehöhe wurzelt, an besonderen Bodenbedingungen, geheimnisvollen Energien? Oder liegt es an seinen neuen Eigentümern, die ihn und seine gesamte Wiesen-Umgebung, auf der sich auch einige Pferde und ein Hund wohl fühlen dürfen, mit großer Liebe pflegen? Zu dieser zählt auch eine Sicherung der monumentalen Baumkrone durch eine aufwändige Seilverspannung.

Die Stiel-Eiche *(Quercus robur)* liebt im Gegensatz zur Trauben-Eiche *(Quercus petraea)* frische bis feuchte Standorte und ist daher auch in Auwäldern zuhause. An der Blattgestalt (geöhrter Blattgrund der Stiel-Eiche) und der Art, wie sich die Eicheln an den Zweigen befinden - gestielt oder sitzend - sind sie leicht zu unterscheiden.

Der monumentale Traumbaum steht in der Rotte Langegg der Gemeinde Aspangberg-St. Peter. Nachdem das Naturdenkmal auf einem eingezäunten Privatgrund wächst ist es nicht direkt zugänglich, aber auch aus naher Entfernung in seiner Pracht zu bewundern.

[*)] Das Wechselgebirge (höchste Erhebung ist der Hochwechsel mit 1743 m) gilt als Grenze zwischen dem steirischen Joglland und der Buckligen Welt, die sich vom Wiener Becken zum äußersten Südosten Niederösterreichs erstreckt.

Schönheit, Größe und Gesundheit vereint in einem besonderen Baum: Die Stiel-Eiche von Aspangberg-St. Peter

Als Menschen noch in Bäumen hausten – Die Edelkastanie mit der Holztür

Nördlich über dem Schwarzatal in Niederösterreich liegt die Sommerfrische Prigglitz (635 m) mit dem Ortsteil Gasteil. Hier kann man noch die Ruine eines der mächtigsten Maronibäume Österreichs bestaunen. Mit 12 Meter Stammumfang war er nicht nur eine lokale Attraktion, sondern sein Bild wurde auch gerne als Ansichtskartengruß verschickt. Das auf diesen fast 100 Jahre alten Bildpostkarten angegebene Alter von 2000 Jahren ist zwar übertrieben, aber auf knappe 1000 könnte er schon gekommen sein. Zeitweise lebten in seinem hohl gewordenen und für österreichische Baumstärken erstaunlich dicken Stamm auch Menschen, worüber in der Prigglitzer Pfarrchronik zu lesen ist:

> *„Eine Zigeunerbande hat sich über Nacht zu Anfang Dezember 1910 in dem Hohlraum des 14 m an Umfang weiten Stammes bequem gemacht, ein Feuer angezündet und so den Brand verursacht. Zum Glück wurde derselbe rechtzeitig bemerkt, so dass der 1000-jährige Zeuge dem verheerenden Feuer nicht ganz zum Opfer fallen konnte."*

Wenn in etlichen Jahren die letzten Holzreste dieses geschichtsträchtigen Baumes zu Humus geworden sind, werden ihn die nachfolgenden Generationen wohl nur mehr durch Fotos und Geschichten wieder aufstehen lassen, denn die Zeit, in der man Bilder besonderer Bäume auf Ansichtskarten verschickte, ist längst vorbei. Vielleicht kommt sie wieder?

Bilder dieser Doppelseite v.l.n.r.

- *Postkarte 1933 (Sammlung Franz Degen)*
- *Nach dem Brand (1910), Urgroßvater von DI Sepp Wess mit einem Besucher von einer Wiener Zeitung*
- *Rast vor der Riesenkest'n Ende 19.Jh. (Foto F. Kral, Gloggnitz/Sammlung Franz Degen)*
- *Die Kastanienruine im Winter 2010*
- *Was übrig blieb... Tod und Leben in Harmonie vereint, 9.5.2012*

Edelkastanien-Blütenstand

Nussfrüchte, Maroni

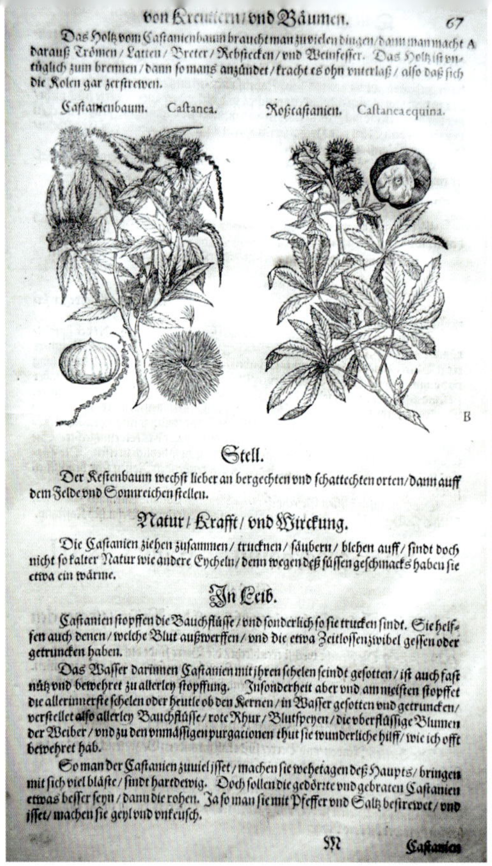

von Kreuttern/ vnd Bäumen. 67

Das Holtz vom Castanienbaum braucht man zu vielen dingen/ dann man macht A darauß Trömen/ Latten/ Breter/ Rebstecken/ vnd Weinfesser. Das Holtz ist vntüglich zum brennen/ dann so mans anzündet/ kracht es ohn vnterlaß/ also daß sich die Kolen gar zerstrewen.

Castanienbaum. Castanea. Roßcastanien. Castanea equina.

B

Stell.

Der Kestenbaum wechst lieber an bergechten vnd schattechten orten/ dann auff dem Felde vnd Sonnreichen stellen.

Natur/ Krafft/ vnd Wirckung.

Die Castanien ziehen zusammen/ trucknen/ säubern/ blehen auff/ sindt doch nicht so kalter Natur wie andere Eycheln/ denn wegen deß süssen geschmacks haben sie etwa ein wärme.

In Leib.

Castanien stopffen die Bauchflüsse/ vnd sonderlich so sie trucken sindt. Sie helffen auch denen/ welche Blut außwerffen/ vnd die etwa Zeitlossenzwibel gessen oder getruncken haben.

Das Wasser darinnen Castanien mit jhren schelen seindt gesotten/ ist auch fast nütz vnd bewehret zu allerley stopffung. Insonderheit aber vnd am meisten stopffet die allerinnerste schelen oder heutle ob den Kernen/ in Wasser gesotten vnd getruncken/ verstellet also allerley Bauchflüsse/ rote Rhur/ Blutspeyen/ die vberflüssige Blumen der Weiber/ vnd zu den vnmässigen purgationen thut sie wunderliche hilff/ wie ich offt bewehret hab.

So man der Castanien zuuiel isset/ machen sie wehetagen deß Haupts/ bringen mit sich viel bläste/ sindt harttewig. Doch sollen die gedörrte vnd gebraten Castanien etwas besser seyn/ dann die rohen. Ja so man sie mit Pfeffer vnd Saltz bestrewet/ vnd isset/ machen sie geyl vnd vnkeusch.

M Castanien

Erste histor. Abb.aus Mattiolis Kreutterbuch, 16. Jh.

Kapselfrucht der Rosskastanie

Europareise eines ungleichen Paares

Edelkastanie (*Castanea sativa*) & Rosskastanie (*Aesculus hippocastanum*)
Über die Herkunft der beiden bekanntesten aber nicht verwandten Kastanienbaum-Arten rankt sich so manches Geheimnis. Als wärmeliebender submediterraner Südeuropäer und Westasiate kam der Maronibaum durch die römischen Feldzüge in die nördlichen Provinzen. Neben den stärke- und mineralstoffreichen Früchten lieferte er Bau- und Brennholz, Stallstreu und Futter für Schweine und Rinder.

Die Samen der früher als minderwertiger betrachteten Rosskastanie, die als Zierbaum mehr als tausend Jahre später zu uns kam, enthalten bittere Saponine und sind für den Menschen – nicht aber für Tiere – giftig.

Die Superkräfte der Rosskastanie
Heute schätzen wir das Wirkungsspektrum ihrer Inhaltsstoffe, allen voran das *Aesculin* der Rinde und das seifenartig schäumende *Aescin* der Samen. Rosskastanien-Extrakt wirkt entzündungshemmend, ödemhemmend, gefäßwandstärkend und durchblutungsfördernd. Das unter ultraviolettem Licht blau floureszierende *Aesculin* vermag durch Absorption bestimmter UV-Strahlung die Gene vor Veränderung zu schützen. Deshalb ist es als Zusatz in Sonnenschutzmittel zu finden. In der Labordiagnostik wird *Aesculin* zur Identifizierung bestimmter Bakterien, insbesondere von Enterokokken, verwendet.

Das Erscheinen der, aus den Schluchtwäldern des Balkan stammenden Rosskastanie ist untrennbar mit zwei großen Botanikern des 16. Jahrhundert verbunden. Pietro Andrea Mattioli, in Siena 1500 geborener Leibarzt Kaiser Maximilian II. (1527-1576) lieferte in seinem ab 1561 aufgelegten, berühmten „Kreutterbuch" die erste Abbildung des Baumes in Europa.

Der erste Bericht stammt vom kaiserlichen Gesandten Busbecq aus Konstantinopel 1557, der die Pflanze 1576 nach Wien sandte. Für die vom Wiener Hof ausgehende Verbreitung sorgte Carolus Clusius (Charles de l'Ecluse, 1526-1609), niederländischer Präfekt der Hofgärten und Schöpfer der ersten Landesflora (1583), die vor allem die Pflanzenwelt des heutigen Burgenlandes, aber auch der Voralpen, wie des von ihm bestiegenen Schneeberges behandelt. Höchstwahrscheinlich stammen die in ganz Europa gepflanzten Gewöhnlichen Rosskastanien von den 1576 nach Wien gebrachten Samen ab.

Im Niederösterreichischen „Edelkastanien-Paradies" (Fotos rechts)
Erst wenn die alten und knorrigen Kestenbäume über dem Schwarzatal ihre stachelspitzigen, harten Blätter verlieren, erlauben sie uns einen Blick auf ihre schwer tragende Gestalt. Mächtige, hohle Stämme, von Hagel, Blitz und Frost jahrhundertelang bearbeitet, ihre lebenden und toten Skelette, immer noch aufrecht.

Zwischen Gloggnitz und Ternitz im Oberen Schwarzatal liegt, klimatisch und geologisch begünstigt, die größte Ansammlung alter und dementsprechend monumentaler Edelkastanien.

Die alten Riesen wachsen auf den süd- und südostexponierten Hängen zwischen dem Weißjackelberg (805 m) und Kohlberg (708 m). Gemeinsam mit einigen alten Trauben-Eichen (*Quercus petraea*) und Stammumfängen zwischen 5 und über 12 Metern sind sie die dicksten Lebewesen der Südbahn-Region. Besonders schöne Exemplare stehen auf Privatgründen in der kleinen Gemeinde Buchbach-Liesling (456 Einwohner). Der Name Buchbach, der urkundlich 1190 zum ersten Mal in einem Schreiben des Stiftes Formbach auftaucht, wird von einem mit Buchen gesäumten Buchen-Bach abgeleitet. Dem heutigen Waldwanderer fällt aber auf, dass Buchen, vor allem ältere, selten anzutreffen sind. Es dominieren Eichen, Edelkastanien und andere Laubbäume. Ein interessanter geschichtlicher Hinweis über die namengebende Baumart findet sich in der kurzen Chronik der Gemeinde: „Als im Jahre 1084 Mitglieder des Benediktinerordens in Gloggnitz einzogen, trafen sie bei ihrer Glaubensverbreitung in Liesling (als KG Teil von Buchbach), dem damaligen Luszling, auf eine heidnische Kultstätte. Es war dies eine Buche, die von ihnen gefällt wurde." Erinnert sei an den vorangegangenen Abschnitt über „Heilig gewordene Bäume".

Wie in einem Märchen erwecken die alten Kest'n besonders bei Nebel, im Herbstlicht und im Schnee traumhafte Gefühle und Erinnerungen. Erinnerungen an das was war und Vorahnungen an das, was kommen wird - nichts lebt ewig. Nicht zu übersehen ist leider, dass viele der alten Edelkastanien mit fatalen Pilzkrankheiten, wie dem Kastanienrindenkrebs (*Cryphonectria parasitica*), der Sprühfleckenkrankheit (*Mycosphaerella maculiformis*) u.a. kämpfen. Seit mehr als 20 Jahren erforschen wissenschaftliche Institute, wie die ARC (Austrian Research Centers) Seibersdorf Research GmbH, Maßnahmen zur Erhaltung der Edelkastanienbestände.

Fotos (2) rechts unten: Wie ein waidwunder Hirsch liegt der aufgebrochene Körper der alten Edelkastanie mit ihrem kapitalen Ast-Geweih am Wiesengrund (Fotos S. 79: DI Herbert Aigner)

Beim Kastanienfest in Liebing (Burgenland) - Baumriesen mit Durchblick

Jedes Jahr am Nationalfeiertag (2024 bereits zum 29. Mal) veranstaltet der Verein „D'Kaestnklauba" in Liebing und Klostermarienberg ein besonderes Fest, das der Werbung für einen besonderen Baum und seinen zu vielen lukullischen Produkten verarbeiteten Früchten gilt. Die rührige Interessengemeinschaft hat sich die Erhaltung und Förderung der Edelkastanie im Burgenland zum Ziel gesetzt. In der Steiermark beschäftigen sich Wissenschafter der „ARGE Zukunft Edelkastanie" ebenfalls mit dem kostbaren Südländer, seiner Sortenvielfalt, Vermehrung und Schädlingsbekämpfung.

Neben mächtigen, hohlraumreichen alten Baumgestalten, die an einem Kraftplatz in Liebing versammelt sind, kann man hier oder beim Kloster Marienberg in gemütlicher Atmosphäre die vielen kreativen Produkte aus den empfindlichen Maroni verkosten. Über verschiedene Kastanienmehlspeisen, Kastanienschokolade und Kastaniensuppe darf man sich bis zu Kastanienbier und Kastanienlikör durchkosten - bis man von süß genug hat und der Appetit auf z.B. gegrillte Wildbratwürstel Sieger bleibt. Zum Heimnehmen bieten sich Kastanienmehl, Kastaniennudeln, Kastanienpüree, Kastanienchutney, Kastanienwurst, Kastanienhonig und Kastanienbrot an. Der Kastanienhain wird durch engagierte Dorfbewohner in Liebing, vom Verein D'Kaestnklauba und der Gemeinde Mannersdorf an der Rabnitz gepflegt. Auch Infoschilder, Sitzgelegenheiten und ein Unterstand wurden in Eigenregie für die Besucher hergestellt. Um einen gefahrlosen Aufenthalt unter den Baumriesen zu ermöglichen, wurden diese von Fachleuten zurückgeschnitten. Der Kastanienhain wurde 2013 in den Alpannonia-Weitwanderweg eingebunden.

Die heilige Hildegard von Bingen schrieb in ihrer „Physika" im Jahre 1055: „Nur wenige Speisen sind ganz rein und gut für den Menschen. Dazu gehören Dinkel, Fenchel und die Edelkastanie."

Fotos 1. Reihe v.l.n.r.: Auch Ruinen haben ihren Reiz - der Edelkastanienkoloss von Liebing, 2019; Liebinger Kastanienfest 2019; Nicht nur von einer Heiligen gelobt – Vitalstoffbombe Maroni
Fotos 2. Reihe v.l.n.r.: Spitze Gegenlichtspiele; Guckloch-Kastanie in zwei Ansichten
Fotos 3. Reihe v.l.n.r.: Warme Farben des Totholzes, „Der erschlagene Drachen", Liebing in zwei Ansichten

Die alte Kesten vom Holzweg und ein Bild mit Geschichte

Als Kind half er seinem Vater beim Pflügen des Ackers und wurde in siebenter Generation Landwirt: Johann Lang (1915-2002) vom Holzweg in Ternitz, Niederösterreich. Das Schicksal ließ ihn den Kriegswahnsinn im Kessel von Stalingrad überleben. Sein Lieblingsplatz am Abend eines an Mühe und Leid unvorstellbar reichen Lebens lag vor seiner „Kesten", der wohl mächtigsten (12,76 m Umfang; 2023) und mit geschätzten 600 Jahren vielleicht ältesten Edelkastanie Österreichs. Neben ihm auf der Bank liegt ein gerahmtes Bild. Es zeigt die Kaiserfamilie vor der Franzensburg im Laxenburger Schlosspark. Das Bild war ein Geschenk an seinen Großvater (geb. 1846), das dieser bei seiner Abrüstung vom Landwehrregiment erhielt. 1950 feierte man vor dem Baum die 300jährige Sesshaftigkeit auf diesem, nicht nur für Bäume, fruchtbaren Grund und Boden. Mit diesem historischen Baumschatz begann vor fast 40 Jahren meine persönliche Baum-Geschichtenreise durch Österreich. Nach Löschung des Naturdenkmals - das heißt Widerruf der Naturdenkmalserklärung – 1984, teilte ein Bezirksforst- und Naturschutz-Sachverständiger den Grundeigentümern lakonisch mit: *„So jetzt können's den Baum umschneiden!"*. Glücklicherweise kam das Ehepaar Lang diesem „Vorschlag" nicht nach.

Nach Sponsoring durch die Aktion „Wir retten Bäume", die 1996 von der Kronenzeitung und der OMV gestartet wurde, konnte der „Alte Riese vom Holzweg" vom erfahrenen Baumchirurgen Manfred Saller für weitere Menschen-Generationen fit gepflegt werden. Unschätzbar sei der ökologische Wert eines uralten Baumes, bestätigte DI Wolfgang Suske von der Naturschutzabteilung der N.Ö. Landesregierung. Suske: „Riesen wie diese Edelkastanie bilden für die Tiere einen letzten Zufluchtsort. Viele fast ausgestorbene Insektenarten, Vögel, Fledermäuse, Siebenschläfer und Feuersalamander benötigen Altbäume als Wohnung oder Nahrungsquelle".

Der außergewöhnliche Baumriese erfreut sich und seine Besitzer, trotz seines hohen Alters, noch heute des Lebens. Erfreulich ist das gestiegene Interesse an der eingebürgerten Baumart. Seit 2006 bemüht sich der Verein ‚Arge Zukunft Edelkastanie' (Thal bei Graz, Stmk.) um die Erhaltung und Förderung der Edelkastanienkultur. Fachleute um DI Johannes Schantl haben ein, schon vergriffenes, Buch „Die Edelkastanie-Waldbaum und Obstgehölz" herausgegeben und veranstalten Lehr-Exkursionen in die Edelkastanien-Regionen Österreichs und Europas.

Bild links: „Wer reitet so spät durch glühende Nacht... ?"
Ein geheimnisvoller Baum: Die mächtigste Edelkastanie Österreichs am Holzweg in Ternitz, Niederösterreich

Der alte Riese vom Holzweg und seine Bewunderer:

Johann Lang (1915-2002) mit dem Bild der Kaiserfamilie und zusammen mit seiner Ehefrau Berta (1923-2005) beim Besuch der ND- und Orchideen-Ausstellung 1993 im Schloss Gloggnitz.

Lustwandeln im kaiserlichen Park

Maria Theresias Lieblingsort: Das Grüne Lusthaus

Laxenburg: Historischer Baum-Traum-Landschaftspark

Der Schlosspark von Laxenburg, N.Ö. ist als größter historischer Landschaftspark Österreichs bis heute ein vielbesuchter Sehnsuchtsort geblieben. Mächtige Altbäume inmitten satter Wiesenflächen, fließender und stehender Gewässer im Ensemble mit geheimnisvollen, teilweise kuriosen Gebäuden und Denkmälern aus Stein und Holz, ziehen jährlich rund eine Million Besucher aus dem In- und Ausland an.

Das riesige einstige Erholungsgebiet der Kaiserfamilie erstreckt sich über 280 ha, was ca. 400 Fußballfeldern entspricht. 600.000 Bäume müssen gepflegt und erhalten werden. Meine persönlichen Lieblings-Baumriesen sind die Rot-Buche am Teich und das Naturdenkmal „Liegende Eiche“ (200-300 Jahre alt). Neben den alten, einheimischen Baumarten kann man aber auch eingeführte Exoten, wie die aus Nordamerika stammenden Hickory- und Osagedorn-Bäume, entdecken.

Die Allander Baumhasel – Andenken an die Türkenbelagerung

Eines der außergewöhnlichsten Baum-Naturdenkmäler Österreichs steht seit geschätzten 180 Jahren in der Wienerwald-Gemeinde Alland (Niederösterreich), deren Gemeindewappen sie – neben dem Buchberg – auch schmückt. Es ist die imposanteste Baum-Hasel, auch ‚Türkische Haselnuss' genannt *(Corylus colurnea)*, die ich bis jetzt zu Gesicht bekam.

Vom Hauptplatz in Alland aus ist der stattliche Baum nach fünfzehn Gehminuten, die Weissengasse aufwärts bis zu einer schrägen Wiese, leicht zu erreichen. Ihre riesige Krone blickt dem Besucher schon über dem Dach des letzten Wohnhauses entgegen. Mit einem Stammumfang von 3,35 Meter (13.10.2023) und einer Höhe von fast 19 Meter sind ihre Dimensionen rekordverdächtig. Im Gegensatz zum in Mitteleuropa heimischen Haselstrauch *(Corylus avellana)* erstreckt sich das natürliche Verbreitungsgebiet der Baum-Hasel von Südosteuropa und Kleinasien über den Kaukasus bis in den Himalaja. Ihre ebenfalls essbaren Nüsse sind zwar etwas kleiner als bei ihrem strauchigen Verwandten, kommen dafür in größerer Zahl in den großen, zottigen Fruchtbechern vor. Als dürreresistente und stadtklimafeste Art, die geringe Bodenansprüche stellt, wäre sie eine ideale Baumart im Klimawandel und wir daher auch als Straßenbaum in mitteleuropäischen Städten geschätzt. Ihr wertvolles lichtbraunes, mittelhart-elastisches Holz wird zur Herstellung von Möbeln und Schnitzereien verwendet. Seine Eigenschaften sind dem Berg-Ahornholz ähnlich. In Wien war es vor 1850 neben der Eibe das beliebteste und kostbarste Möbelholz. Als Brennholz hat es einen hohen Brennwert.

Im Jahre 1529 bei der Ersten Wiener Türkenbelagerung wurde Alland durch brandschatzende türkische Reiterhorden überfallen. Der Sage nach sollen sie sich mit ihren mitgebrachten Haselnüssen gestärkt haben und damit den Samen für das heutige Naturdenkmal gelegt haben.

Der letzte Ritter, Indianer und ein sonderbarer Baum

Unweit der Burg zu Wiener Neustadt – heute die Theresianische Militärakademie (MILAK) – kam 1459 Maximilian, der berühmte Sohn von Kaiser Friedrich III. und Eleonore von Portugal zur Welt. Seine liebste Sport- und Jagdwaffe war der englische Langbogen. Seine Landsknechte ließ er mit Bogen und Armbrust ausrüsten, für deren Bau das Holz der Eibe am besten geeignet war. Neben der Eibe wird im traditionellen Bogenbau das Holz eines Baumes verwendet, der ursprünglich aus dem Südosten der USA, dem Siedlungsgebiet der indigenen ‚Osage' stammt, nach denen er benannt ist.

Burg zu Wiener Neustadt mit Michaelskapelle – Grabmal Kaiser Maximilians

Der Osagedorn oder Milchorangenbaum (Maclura pomifera - Fam. Maulbeergewächse)

Die vier bis über 10 Meter hohen Bäume im Wiener Neustädter Stadtpark würden wohl niemandem auffallen, wenn nicht Ende Oktober ihre am Boden liegenden, runzeligen, orangengroßen und schweren Steinfruchtverbände zu finden wären. Sie duften schwach nach Orangen, enthalten einen bitteren Milchsaft und sind ungenießbar. Die Bestäubung des zweihäusigen Baumes – es gibt also weibliche und männliche Bäume – erfolgt durch den Wind. Aufgrund seines unregelmäßigen Wuchses, ist dieses bei Bogenschützen sehr geschätzte, zähe Holz schwierig zu bearbeiten. Die dornigen Zweige eigneten sich zur Erzeugung undurchdringlicher Hecken von Rinderfarmen in ihrer Ur-Heimat. Wie bereits kurz erwähnt führt der Name Osagedorn uns zum Stamm der Osage, in dessen ehemaligen Siedlungsgebiet, den Staaten Arkansas, Oklahoma und Texas er zu Hause ist. Für die Osage und andere Stämme hatte der Baum einst große Bedeutung, denn aus seinem harten, sehr elastischen Holz fertigten sie ihre sagenhaften Bogen und ihre Tomahawks an. Innerhalb eines Jahrhunderts gelang es den europäischen Kolonisatoren fast die gesamten Waldbestände zu vernichten, indem sie das wertvolle Holz in Eisenbahnschwellen und sogar Holzpflaster verwandelten. Wie beim Bison gelang glücklicherweise die völlige Ausrottung der Osageorange nicht und so ist sie heute in weiten Teilen der USA als Heckengehölz sehr beliebt. Das Schicksal der, ebenfalls fast ausgerotteten indigenen Ur-Bevölkerung, ist ein anderes, unrühmliches Kapitel der Zivilisationsgeschichte, an die diese besondere Baumart erinnern mag.

Bild oben links: Männliche Osagedornzweige
Bild oben rechts: Osagedorn, weiblicher Blütenstand
Bild unten: Die milchigen Früchte von Maclura pomifera

Bilder v.l.n.r:

- ***Osage beim Fischfang an der Krka, „Winnetou und Shatterhand im Tal der Toten" (Drehortfoto 1968)***
- ***Osagedorn und Wasserturm, Wr. Neustadt***
- ***ND Trauerblutbuche im Stadtpark, Wr. Neustadt***
- ***Buchenvorhang***

Die Hornsteiner Lindenallee

Die kleine, naturerbe-bewusste und gemischtsprachige burgenländische Marktgemeinde am Westhang des Leithagebirges besitzt ein besonderes Naturdenkmal. Die „neue“ Lindenallee umfasst 270 Winter- und Sommerlinden (*Tilia cordata* und *Tilia platyphyllos*) und stellt, seit 1971 naturdenkmalgeschützt, einen umwelthygienisch und historisch wertvollen Lebensraum von überregionaler Bedeutung dar.

1830-1845, im Biedermeier, ließen die Esterhazy entlang der alten Straße Hornstein-Eisenstadt, die durchs Leithagebirge führte, die „neue Allee“ pflanzen. Eine ältere Lindenallee von 1734 führte bis 1935 entlang der heutigen Friedhofstraße zur damaligen Annakirche. Mauerreste am Burgberg und zahlreiche archäologische Funde erinnern an die Rolle der ehemaligen, ungarischen Grenzfestung an der Römerstraße zwischen Wien und Ödenburg. Heute verbinden Wanderwege über das Leithagebirge und ihrer höchsten Erhebung, den 484 m hohen Sonnberg, Eisenstadt mit Hornstein und enden (oder beginnen) bei der Lindenallee.

Im Burgenland sind rund 1172 Bäume als Naturdenkmal registriert. Diese werden jährlich seitens des Landes begutachtet und allfällig notwendige Erhaltungsmaßnahmen dokumentiert und den zuständigen Behörden sowie den Eigentümern mitgeteilt. Die Kostenbeteiligung (50%), wie auch die fachliche Unterstützung seitens des Landes ist österreichweit vorbildlich. Teilweise wird durch Baumpatenschaften die Allee mit jungen Linden erneuert. Abgestorbene Bäume dürfen, wenn von ihnen keine Gefährdung der Besucher und Wanderer ausgeht, bestehen bleiben und als Reproduktions- und Nahrungsraum für viele Tierarten dienen. Ein Duft- und Erholungserlebnis ist ein Spaziergang durch die schattige Allee besonders im Mai zur Lindenblüte. Am Beginn der Allee befindet sich die Volksschule und ein kreativer Kinderspielplatz mit überdachten Raststationen. Hornstein ist eine der ersten Gemeinden im Burgenland, die sich vom Naturschutzbund bei der Grünflächengestaltung beraten ließ und nicht bereit war, alte Fehler im Umgang mit Bäumen im Siedlungsbereich – von der Pflanzung ungeeigneter Baumarten, etwa mit Kugelkronen, bis zur „Verstümmelungs-Pflege“ - weiter zu praktizieren. Sie ist ein Vorzeigebeispiel für verantwortungsvolle, zukunftsorientierte Grünraum- und Gesundheitspolitik.

Da *Tilia cordata* und *T. platyphyllos* hybridisieren sind bei der Misch-Art (Holland-Linde, *T. x vulgaris, T. intermedia, T. europaea*) die Merkmale intermediär ausgebildet. Die **Winter-Linde** (Kleinblättrige Linde, Spät-Linde, *T. cordata*) hat eine dunkelgrüne, kahle Blattoberseite, die Nervenwinkel der hell-bläulichgrünen Blattunterseite ist gelblich- bis rostbraun-bärtig. Der Blütenstand ist 4-15blütig, aufrecht-abstehend. Die Frucht (Nuss) ist undeutlich kantig und leicht zusammendrückbar.

Zwei Gesichter im Stamm

Bei der **Sommer-Linde** (Großblättrige Linde, Früh-Linde, *T. platyphyllos*) sind beide Blattseiten weichhaarig und die Nervenwinkel weiß-bärtig. Der Blütenstand ist (2)3(5)blütig, hängend. Die Frucht ist deutlich 4-5kantig und zwischen den Fingern nicht zerdrückbar. In Österreich werden weitere Linden-Arten gelegentlich kultiviert, besonders häufig die: Silber-Linde *(Tilia tomentosa)* und die Krim-Linde (*T. x euchlora = T. cordata x T. dasystyla*). Dem neugierigen Baumdedektiv sei die „Exkursionsflora von Österreich", (Adler, Oswald, Fischer; Ulmer 1994) oder ein anderes Bestimmungsbuch empfohlen.

Der Pottendorfer Schlosspark: Rettung eines Naturjuwels, Niederösterreich

„Es war einmal...vor langer, langer Zeit" - so beginnen die Märchen und Sagen der Kindheit. In unserer realen Welt enden die Geschichten leider nicht immer wie damals, wo die Guten belohnt und die Bösen bestraft wurden – oder doch?

Ein wunderbares Beispiel aus jüngster Zeit stellt die Rettung und Revitalisierung des Pottendorfer Schlossparks und seines einst bedeutsamen Wasserschlosses dar – ein modernes Märchen, aber wahr. 20 Kilometer nordöstlich von Wiener Neustadt, am Rande des Steinfeldes im Wiener Becken liegend, befindet sich ein Natur- und Kulturdenkmal von landesweiter Bedeutung. Die bemerkenswerte Historie des vor dem Verfall bewahrten Schloss-Park-Komplexes in Kurzform: Erbaut um 1100 (Romanik), gotisch und barock überformt. Im Besitz der Grafen von Starhemberg und von 1802 bis 2006 der Fürsten Esterhazy, die den barocken Schlosspark in einen englischen Landschaftsgarten umgestalteten. Die Türkenkriege unbeschadet überstanden diente das Schloss im 2.Weltkrieg als Lazarett. Schwere Bombentreffer (28 Bombentrichter) leiteten einen stetigen Verfall der Anlage ein, dem eine glückliche Verwandlung folgen sollte.

Die riesigen, fast 300 Jahre alten Platanen blieben unversehrt, wie auch die noch immer lebende Baumruine einer Winter-Linde, die wohl das beeindruckendste Baum-Naturdenkmal (unter Schutz seit 1928) des Parks ist. Neue Teiche entstanden aus den mit Wasser gefüllten Bombentrichtern. Überhaupt bildet das Wasser der langsam durchfließenden Fischa mit ihren künstlichen Abzweigungen, ein dominierendes Element des Landschaftsparks mit seinen alten Bäumen und dem blütenreichen „Bärlauch-Dschungel" im Frühling. 1979 wurde der gesamte Park als Naturdenkmal geschützt und durch Ankauf 2006 von der Marktgemeinde Pottendorf erworben, die dieses als Naherholungsgebiet wertvolle, historisch-ökologische Schmuckstück 2009 für die Bevölkerung öffnete.

Das Wappen der Esterhazy wacht über dem Schlosstor und einer märchenhaften Baum-Wasser-Welt. Ein Rundgang um die Insel und das Wasserschloss, vom Aufwachen der Natur im Frühling bis zum ersten Schnee, bietet immer wieder neue Ansichten . Der von alten Bäumen geprägte Park ist eine stille, aber spürbare Energiequelle. Der Stamm der rechts abgebildeten Ahornblättrigen Platane hat den rekordverdächtigen Umfang von 9,40 m (2025).

Die alte Riesen-Esche am Tiefenbach

Ein monumentaler Schattenspender

Prellbock für geschlägerte Baumstämme im eisigen Jänner 2000

Am Aschermittwoch im Biedermeiertal - Eine Gedenkwanderung

Die Erinnerung an einen besonderen Baum-Riesen meldete sich immer wieder in meinem Kopf. 1998 war ich zum ersten Mal bei der Esche am Haselbach (Tiefenbach), der in den Miesenbach des gleichnamigen, berühmten Tales im Schneebergland, N.Ö. rinnt. Gezeigt hat mir den Baum ein viel zu früh verstorbener Freund, Fotokünstler und begeisterter Naturfreund – Franz Zwickl (1961-2018). Damals fuhren wir mit Franz' Motorrad – heute nehme ich die Bahn, von Wiener Neustadt nach Puchberg am Schneeberg und nach halbstündiger Umstieg-Pause den Bus Richtung Pernitz, um über den Ascher, einen 740 m hohen Straßen-Sattel, hinab ins Miesenbachtal zu gelangen. Kennen Sie das auch? Sie waren vor „Urzeiten", etwa vor mehr als 20 Jahren (wie ich in diesem Fall) als motorisierter Beifahrer irgendwo und müssen nun, auf sich allein und eine heimtückische Erinnerung gestellt, die richtige Ausstiegstelle finden, um den ehemaligen Fahr-Wander-Weg nicht zu verpassen.

„Die Erinnerung ist ein Hund, der sich hinlegt, wo er will" (Unbekannt)

Der Buschauffeur ist zwar sehr nett, aber leider nicht ortskundig. So tripple ich halt fünfzehn Minuten vom Gemeindeamt in Miesenbach retour, bis ich – die eh' so schön sichtbare Hinweisetafel ‚Tiefenbach' lese und an diesem sonnigen Februartag meine Gedenk- und Baum-Suchwanderung beginne. Nach erfolgreicher Organisation eines Wanderstocks Marke ‚Hasel' – neben dem ansteigenden Fahrweg lagen im Wald einige bereits geschnittene, alte Exemplare, die nur mehr handfertig nachgeschnitzt werden mussten – erreichte ich in einer knappen Stunde den Tiefenbauer-Hof und den erhofften, alten Riesen – die Esche (*Fraxinus excelsior*).

Auf Baumwanderschaft bei einem prächtigen Birnbaum gelandet

Die Dimensionen dieses 'monumental trees' unbekannten Alters sind gewaltig. Sein Stammumfang hat seit meinem ersten Besuch um 75 cm auf 7 Meter 70 zugelegt. Den Kronendurchmesser von ehemals 30 Meter erreicht er aber durch abgebrochene und abgestorbene Äste nicht mehr ganz.

Alter, müder ‚Dirndlbam‘

Den gegenüber liegenden Wiesenhang wandere ich aufwärts bis zur Kuppe und blicke ein letztes Mal zurück zur alten Esche. An der Südseite liegt mit dem Weiler 'In der Grub' eine sonnige Wiesenlandschaft. Einige Dirndl-Sträucher, die sich zu niederen Bäumen entwickelten, blühten bereits (22. Februar), doch den verdrehten Alten, von dem uns 1998 berichtet wurde und der einen Stammumfang von zweieinhalb Meter gehabt haben soll konnte ich nicht finden. Einzig ein altes, knorriges und zweistämmiges Exemplar stand, mit einer Heckenrose verwachsen, am Rand des Hofweges. Einer der beiden Stämme hatte immerhin den beachtlichen Umfang von 1,5 Meter.

Zur Baum-Überraschung des Tages führte mich aber ein anderer Waldbauer und Baumfreund. Neben den vielen Stechpalmen (*Ilex aquifolium*), die in früheren Zeiten eine seltene Besonderheit in der Region waren und die sich seit wenigen Jahren auffallend vermehrten, zeigte er mir einen sehr alten Holzbirnbaum *(Pyrus piraster)*, der seit mehr als 200 (400?) Jahren auf der Sonnseite seines Wiesenhanges wurzelt. Ein Prachtbaum von Mostbirne mit 4,20 Meter Stammumfang, der alljährlich üppig blüht und fruchtet.

Panoramablick vom alten Wildbirnbaum auf die Rinder-Weide

Der alte, hölzerne Weide-Wächter

Holzbirnenblütenpracht am sonnigen Wiesenhang

Die dicke Birn' hat einen Multistamm

Beim Überschreiten des Wiesen-Sattels, der sich zwischen der großen Esche und dem alten, dicken Holzbirnenbaum befindet, entdeckte ich einen weiteren, immer seltener werdenden alten Wildobstbaum. Der Wildapfel oder Holz-Apfel *(Malus sylvestris)* erzeugt auffallend kleine, herbsaure und holzige Früchte und besitzt Sprossdornen. Die Unterseite der Blätter weist im Unterschied zum Kulturapfel keine oder nur eine geringe Behaarung auf. Holzäpfel wurden schon von den Menschen der Pfahlbaukulturen gegessen. Besser schmeckten da schon die Spitz-Morcheln am Wiesenrand, die später in der Pfanne landeten.

Die heute in Erinnerung an den Fotokünstler und Freund besuchten alten Bäume haben es auch ohne amtlichen Schutz bis ins dritte Jahrtausend geschafft. Dies haben sie den weitsichtigen und wertorientierten Eigentümern des Grundes auf dem sie wachsen zu verdanken.

Friedrich Gauermann, der berühmte Landschafts-Maler der Biedermeier-Zeit (geb. 1807 in Miesenbach-Scheuchenstein, gest. 1862) wird auf seinen Wanderungen in diesem versteckten Seitental dem einen oder anderen hölzernen Zeitzeugen begegnet sein und sich Inspiration für seine künstlerische Umsetzung geholt haben. Der nach dem berühmten Sohn Scheuchensteins benannte 4 km lange Rundwanderweg, führt an einem Baum-Naturdenkmal, einer mächtigen Trauben-Eiche *(Quercus petraea)*, vorbei (Foto oben). Der landschaftlich reizvolle, nicht anstrengende Weg beginnt und endet beim Gauermann-Museum, das ebenfalls einen Besuch wert ist. Vom Gauermann-Museum führt ein weiterer Wanderweg eine schöne Mostbirnbaum-Allee abwärts ins Tal zur Bus-Haltestelle „Miesenbach-Hornung/Börsenhof". Auf diesem liegt der Gauermann-Hof, neben dem eine monumentale Stiel-Eiche *(Quercus robur)* mit einem Stammumfang von 5 Meter 70 steht (Privatgrund!).

Strauch oder Baum: Die vielen Gesichter der Weiden

Als unverwüstliche Pioniere zwischen Tal und Hochgebirge, Produzenten eines der ersten Schmerzmittels der Welt, der Acetyl-Salicylsäure, wie auch als Palmenblattersatz im christlich-europäischen Osterbrauchtum, sind Weiden allseits bekannte Gehölze feuchter Lebensräume. Weltweit tritt diese, mit ihren Kätzchen-Blütenständen den Vorfrühling einleitende Gattung ‚*Salix*', mit rund 500 Arten in Erscheinung. Die 35 einheimischen Arten zeigen eine große Gestaltvielfalt von bis 30 Meter hohen Bäumen, wie etwa der Silberweide - bis zu den am Boden kriechenden Zwergweiden der alpinen Höhenstufe.

oben v.l.n.r.: Kraut-Weide (Salix herbacea), ein alpiner Zwergstrauch; man sieht woher die Purpur-Weide ihren Namen hat; Sal-Weide (Salix caprea) mit fliegender Apotheke; Silber-Weide (Salix alba)

unten v.l.n.r.: ND Silber-Weide am Linzer Donau-Ufer mit Biber-Schutzgitter; Informationen für Interessierte; Silber-Weidenkrone mit frischem Blattaustrieb; Schilf & Weiden am Fischteich, Willendorf N.Ö

Weiden sind Weichhölzer und werden daher nur in Ausnahmefällen ein Alter von 200 Jahren erreichen. Der lateinische Gattungsname ‚*Salix*', der auch in der Salicylsäure steckt, geht auf das Verb ‚salire' zurück, das ‚springen' bedeutet und auf das rasche Wachstum und die hohe Regenerationsfähigkeit von Teilstücken der Mutter- oder Vaterpflanze hinweist. Weiden sind eben zweihäusige Gehölze, kommen also als weibliche und männliche Individuen vor.

Aufgrund ihrer einfachen vegetativen Vermehrung durch abgeschnittene Zweigstücke (Stecklinge), die in feuchte Erde gesteckt sehr schnell anwurzeln und weiterwachsen, haben sie bei der Stabilisierung von Flussufern eine wichtige Funktion. Der zuckerhaltige Blütennektar und der eiweißreiche Pollen stellen für Bienen, Hummeln, Schmetterlinge und andere Insekten eine wichtige Nahrungsquelle dar. Die Larven vieler Insekten-Arten leben im und vom Holz der Weiden. Erschöpft ist die ökologische Bedeutung der Weiden damit noch lange nicht. Man denke nur an die natürlichen Hohlräume alter Weiden, die als Nest- und Brutquartier für andere Wirbellose und für Wirbeltiere dienen. Besonders beliebt bei gefiederten Höhlenbrütern, sowie bei Fledermäusen und Nagetieren sind die hohlraumreichen, sogenannten ‚Kopfbäume' – Symbole der europäischen Kulturlandschaft und früherer, intensiven Weidenruten-Nutzung.

v.l.n.r.: Laubfrosch – Erinnerung an eine bedrohte Tierart und einen vernichteten Flachmoortümpel aus Jugendtagen, 1981 Netting, NÖ; die Beutelmeise baut ihr Hängenest aus Weiden- und Pappelwolle (Samenhaare); die seltene Reif-Weide (Salix daphnoides), verschollen an der Schwarza in Gloggnitz,N.Ö.; Morgenstimmung am Schönauer Teich, Schönau an der Triesting, N.Ö.; Gluatmugl & Weiden; auch schöne Käfer wie der Moschusbock lieben Weiden; Raupen des Weidenbohrers; Silber-Weide mit Ex-Wohnhöhle eines Bienenschwarms, Schmuckerau, Wiener Neustadt, 2020

Ein Palmkätzchenbaum im Gemeindewappen und die „12 Apostel von Katzelsdorf"

Die Marktgemeinde Sollenau, N.Ö. gehört zu den älteren Ansiedlungen des Steinfeldes, einer kargen und trockenen Landschaft im südlichen Wiener Becken. 10 Kilometer nördlich von Wiener Neustadt liegend wurde der Name Sollenau 1166 erstmals urkundlich erwähnt. Der Ursprungsname lautete allerdings „Salenau" und deutet auf die Sal-Weide hin, die hier in feuchteren Vorzeiten an der Piesting und ihrem Schwemmland in größerer Zahl stockte und eifrig genutzt wurde. So hat es eine Kopfweide in das Gemeindewappen geschafft. Bleibt nur mehr die Entschlüsselung des eigenartigen deutschen Artnamens „Sal-", das veraltet mit zwei „a" geschrieben wurde. In einer, Hildegard von Bingen zugeschriebenen Handschrift heißt die Sal-Weide „salewida". Ihr deutscher Name lässt sich aus dem Althochdeutschen „salaha", was „grau" oder „dunkel" bedeutet, ableiten. Der lateinische Artname ‚caprea' soll daran erinnern, dass die Blätter gerne von Ziegen verspeist werden. Im Kräuterbuch des Hieronymus Bock von 1546 ist dazu sogar eine Farb-Abbildung enthalten.

Gruppen alter Kopfweiden sind in unseren „ausgeräumten" Dorf- und Stadtlandschaften heute eine Seltenheit. Ein derartiges Relikt von ursprünglich 12 dicken und hohlen Weiden - weshalb ich sie „12 Apostel" taufte - war bis zum Frühjahr 2025 in Katzelsdorf bei Wiener Neustadt zu bestaunen. Zwischen der Bahnstraße und dem Kanal stehend, hatten die beiden mächtigsten Phantasiewesen aus Holz einen Stammumfang von 6,90 und 7,10 Meter! Am 4. März 2025 waren noch 11 lebende Baumruinen, die eine echte „Augenweide" darstellten, vorhanden (siehe Fotos rechts). Aus Sicherheitsgründen wurden 8 entfernt, sodass nur mehr 3 übrig geblieben sind. Diese sollen eingezäunt, sowie der Verlust der alten Bäume durch Nachpflanzungen gemildert werden.

Kopfweiden-Relikt, Katzelsdorf, N.Ö.

„Wood art", Weidenholz-Kreaturen und die Fratze des Weiden-Gnoms

Vom Strauch zum Baum – Dirndl, Pimpernuss und Co.

Der Gelbe Hartriegel (Kornelkirsche, *Cornus mas*) trägt nicht nur unglaublich viele andere Namen, er ist auch ein Multitalent was seine Verwendung und ökologische Rolle betrifft. Die Kornelkirsche, Dirlitze, Dirndl (in Österreich), Tierlibaum (in der Schweiz), um nur wenige zu nennen, erfreut Bienen, Vögel und Menschen schon im Vorfrühling als leuchtend gelb blühender Strauch, oder knorriger, alter Baum. Aus den vierzackigen Sternblüten, die in dichten Dolden aus dem Altholz sprießen, entwickeln sich im Spätsommer und Herbst glänzend rote, 2-3 cm große ellipsoide Steinfrüchte. Da diese unausgereift noch sauer schmecken, sollte man mit dem Verzehr warten bis sie sich dunkel- bis schwarzrot verfärbt haben und zuckerreicher geworden sind.

Eigenartigerweise wurde *Cornus mas* bis ins 17. Jahrhundert in eine männliche und weibliche Form getrennt. Die männliche Form hieß *Cornus mascula*, die weibliche *Cornus femina*. Aus dem althochdeutschen „hartrugil" stammt der deutsche Name Hartriegel und bezieht sich auf das hornartig harte Holz.

Dirndlblüten, Gelber Hartriegel

Steinfrüchte des Gelben Hartriegels

Ein hartes Gehölz – Nomen est omen

Verbreitet ist der wärmeliebende Strauch oder kleine Baum trockener, kalkreicher Standorte fast über ganz Mittel- und Osteuropa, sowie im Mittelmeergebiet. Er ist eine Charakterart der submediterranen Flaumeichen-Wälder und subkontinentalen Eichen-Steppenwälder. Dirndlholz ist eines der härtesten (das härteste?) unserer heimischen Holzgewächse, was schon Griechen und Römern bekannt war, die daraus Lanzenschäfte, Werkzeugstiele, Radspeichen und Leitersprossen herstellten. Die ältesten fossilen Cornus-Reste stammen schon aus der jüngeren Kreidezeit und dem Tertiär.

In stein- und bronzezeitlichen Pfahlbauten Italiens wurden Kornelkirschenkerne gefunden, was auf ihre häufige Verwendung schließen lässt. In den benediktinischen Klostergärten wurde die Kornelkirsche nachweislich seit dem Beginn des Mittelalters angepflanzt. Die heilige Äbtissin Hildegard von Bingen (1098-1179) empfahl in ihrem medizinischen Werk Physika ein Bad aus Rinde, Holz und Blättern des „Erlitzbaums“ gegen die Gicht sowie die Früchte für den Magen und Darm. Beliebt ist heute noch die Verwendung der Früchte zur Saft-, Marmeladen- oder Dirndlschnaps-Produktion. Ich bevorzuge das Einlegen der Dirndln in Gin, was dem Wacholdergeschmack eine fruchtig-säuerliche Note verleiht. Im niederösterreichischen Pielachtal hat die vielseitige Verwendung der Dirndl als Olive Tradition. Dirndloliven („Oliven des Nordens“) sind eine wohlschmeckende Beilage zu Vorspeisen, Salaten und Fleisch.

„Mit einem Dirndl spazierengehen“ konnte in früheren Zeiten durchaus eine andere Bedeutung haben, als mit einem Mädchen unterwegs zu sein. Populär war nämlich am Ausgang des 19. Jahrhunderts die Verwendung des harten Holzes in Deutschland als Spazierstock. Die Bauern des Dorfes Ziegenhain, südöstlich der Universitätsstadt Jena, stellten aus den geschälten Ästen besonders haltbare Knotenstöcke her. Besonders bei den Jenaer Studenten hatte der „Stenz“ genannte Stock eine zweifache Verwendung, er wurde nicht nur als Spazier- und Wanderstock, sondern auch als Waffe bei studentischen Duellen benutzt. Für manche Einwohner Ziegenhains war der Verkauf der „Ziegenhainer“ ein gutes Geschäft. Der Preis in den 1920er Jahren betrug 7 Mark Fünfzig. Gedreht gewachsenen oder gedrechselte Stöcke kamen noch teurer.

Der mächtigste Dirndl-Multistamm in zwei Ansichten und das ND „Siedl-Dirndl", Michelbach, NÖ.

Der Dirndlstrauch kann durchaus ein alter Baum werden. Im alten Rom soll ein 800 Jahre altes Exemplar gestanden haben. Im deutschen Eisleben-Helfta steht eine über 9 Meter hohe Kornelkirsche, die mit einem Stammumfang von 1,80 Meter auf 250 Jahre geschätzt wird. Einer der mächtigsten Dirndlbäume Österreichs, die ‚Sigrid-Dirndl', wächst in Michelbach im Mostviertel (N.Ö.). Sie hat einen Stammumfang von 2,90 Meter (mit Seitenstamm: 3,63 m) und stand am 21.März 2023 in Vollblüte. Ein weiterer, seltener und alter *Cornus mas* – er ist sogar als offizielles Naturdenkmal gekennzeichnet – steht am Wanderweg oberhalb des Refugiums Hochstrass bei Michelbach. Sein Stammumfang beträgt 1,60 Meter (in 1,20 m Höhe). Die erste Stammverzweigung erreicht er in einer Höhe von 1,30 Meter über der sich eine kompakte und ovale Krone mit einem Durchmesser von 11 m aufbaut.

ND Dirndlbaum ‚Siedl', Michelbach N.Ö.

„Glücksnüsschen gefällig?“ - Die seltene und seltsame Pimpernuss

Die Gemeine oder Gefiederte Pimpernuss *(Staphylea pinnata)* ist ein Strauch oder, was viel seltener vorkommt, kleiner Baum, der bis vier Meter hoch werden kann. Sie wird auch Klappernuss genannt, was auf das mittelhochdeutsche ‚Pimpern‘ (= Klappern) zurückgeht. Das Hauptverbreitungsgebiet dieses Klimawärmezeigers reicht von SO-Europa bis Kleinasien. Im südöstlichen Mitteleuropa wächst dieses wenig bekannte Gehölz in frischen, krautreichen Laubwäldern, deren Ränder und Schluchten. Am besten gedeiht sie auf kalk- und nährstoffreichen, sickerfeuchten Böden in Regionen mit mildem Klima und hoher Luftfeuchtigkeit. Im Pannonischen Raum kommt sie zerstreut vor, sonst ist sie selten und regional gefährdet. Auffallend sind ihre hängenden Blütenrispen mit duftenden weißen bis rötlichen Zwitterblüten. In Salzwasser eingelegt werden sie in Georgien als Salat gegessen („Jonjoli“, „Dschondscholi“). Er soll ähnlich wie eine Kombination aus Oliven und Kapern schmecken. Die Früchte sind häutige, aufgeblasene Kapseln in denen im trockenen, reifen Zustand die Samen („Nüsse“) bei Bewegung „scheppern“ (klappern). Diese 7-10 mm großen, sehr harten Samen sehen wie Haselnüsse aus und schmecken wie Pistazien. Aus ihnen wird im Bayerischen Wald Pimpernusslikör hergestellt. Früher verwendete man sie auch als Schmuck für Ketten und Rosenkränze.

oben: Die Pimpernuss blüht im Mai
unten: Pimpernuss-Kapseln mit Samen

2013 fanden Wiener Stadtarchäologen in einem Schachtgrab des ehemaligen Matzleinsdorfer Friedhofs 21 gelochte Samen der Pimpernuss, auf Stabösen aus Buntmetall aufgezogen, die als Reste eines Rosenkranzes interpretiert werden. Für Österreich ist das der erste archäologische Fund dieser Art und eine Besonderheit.

Europäische Botaniker des 16.-17.Jahrhunderts beschrieben die Pimpernuss und ihre Frucht als *Staphylodendron* (Hieronymus Bock), *Nux vesicaria, Arbor vitis, Pistacium Germanicum, Pimpernusz, Pimpernoten, Noisette de S. Antoine* (Dodoens), *Pistacia sylvestris* (Johann Bauhin). Carolus Clusius nannte sie *Staphylodendron Plinii* und *Nux vesicaria* (=Blasen-Nuss). Aus der Schatzkammer der alpenländischen Volksmedizin plaudert Gisela Köstler im Büchlein „Wurzelsepp und Kräuterweibl“ über die, hier auch „Hexennuss“, „Totenkopfbaum“, „Wilde Zwiebelnuss“ und „Blasennuss“ genannte, Gehölzart. Wer eine Pimpernuss (Samen=Kern) in seiner Börse trug, konnte darauf zählen, dass ihm das Geld nie ausginge. Die steinharten, kugelrunden Pseudonüsse wurden als Glücksnüsse gehandelt, sofern man das besondere Glück hatte, genau sieben Stück davon in einer Kapsel zu finden. In der Regel sind es nur zwischen 1 und 4 Samen. Abergläubische Frauen waren der Meinung, dass Rosenkränze aus Pimpernusssamen ihren Gebeten eine besondere Wirksamkeit verleihen würden. Mit einem am Palmsonntag zusammen mit dem Palmbuschen geweihten Zweig konnte man fast alle bösen Geister und Dämonen fortpeitschen. Ein neun Jahre wiederholt geweihter Pimpernuss-Zweig sollte, am 1. Mai in der Kirche zu einem Zauberzweig mutieren und fromm sich verstellende Hexen entlarven. Der Besitzer des Zauberzweiges konnte dann den Pferdefuß der bösen Damen sehen... Aus dieser Zeit stammt der Spruch: „Sieht die Hex' die Pimpernuss, zeigt sie ihren Pferdefuß." Ob dieser alte Hexenspruch heute noch als Kinder-Auszählreim verwendet wird, kann ich nicht bestätigen. In der Volksmedizin wurde das aus den Samen gewonnene, kostbare Öl, innerlich und äußerlich angewendet, gegen Bauchgrimmen empfohlen – eine gut bezahlte Einnahmsquelle für einen Wurzelsepp.

Das versteckte ND Pimpernuss

Kurios und verborgen – nicht nur die ND-Tafel

Zwei Kilometer vom UNESCO Weltkulturerbe-Kloster Melk, N.Ö. entfernt, befindet sich nahe der Westautobahn ein feuchter Laubwaldhang mit vielen Pimpernüssen. Zu meiner Überraschung entdeckte ich 2023 in dem verwachsenen und durch Ablagerungen von Holzstämmen, faulendem Grasschnitt und Küchenabfällen verunstalteten und schwer zugänglichen Böschungsbereich - eine gut versteckte (?) Naturdenkmalstafel. Sie bezieht sich auf das stärkste, mit 40 cm Umfang des Hauptstammes, immerhin als Baum (!) unter behördlichen Schutz gestelltes Einzelgehölz. Dieses rare Gehölzbiotop und speziell das, durch Stamm- und Astverletzungen in seiner Vitalität bedrohte „Baum-Strauch"- Naturdenkmal rufen – stellvertretend für alle anderen vernachlässigten Naturdenkmäler in Niederösterreich - nach Kontrolle, Pflege und Ensembleschutz. Positiv konnte ich 2024 beobachten, dass mit der Entfernung der Ablagerungen begonnen wurde.

v.l.n.r.: **Indian Summer im NP Thayatal (Burg Hardegg), Ein ungewöhnlicher Kreuzdorn, (NP Thayatal), Wildkatze im NP-Zentrum Thayatal, Perfekte Tarnung des wilden Stubentigers, Kreatives Wanderweg-Tor, NP Thayata**

Ein alter Kreuzdorn im NP Thayatal bei Hardegg

Der Weißdorn (*Crataegus monogyna*) (siehe Seite 64, „Heilig gewordene Bäume) und der Kreuzdorn (*Rhamnus cathartica*), zwei heimische Sträucher, können sich bei idealen Wachstumsbedingungen auch baumförmig entwickeln. Einen, waagrecht aus der Felsblock-Halde bogig emporgestreckten Kreuzdorn, entdeckte ich im herbstlich-bunten Eichen-Ahorn-Hainbuchen-Elsbeer-Föhren-Mischwald des Hardegger Rundwanderweges im Nationalpark Thayatal. Das potentielle Naturdenkmal hat einen Stammumfang von 1,13 Meter ! Die mehrsamigen, schwarzen Steinbeeren sind giftig und haben eine stark abführende, purgierende Wirkung (Name vgl. Purgier-Kreuzdorn; latein. catharticus). Das harte, im Kern orangerote Holz wird zu Drechslerarbeiten verwendet. Der Kreuzdorn ist eine alte, noch heute verwendete Färbepflanze für Textilien.

Hardegg, die kleinste Stadt Österreichs (84 Einwohner, 1313 Einw. mit den eingemeindeten Orten) inmitten des kleinsten und jüngsten (2000 gegründet), staatenübergreifenden Nationalpark Österreichs, ist auf jeden Fall einen Besuch wert. Das romantische Burgen-Städtchen an der Thaya und die Wälder des Nationalparks sind im wahrsten Sinn des Wortes „klein, aber oho"! Beim Nationalparkhaus befindet sich das größte Wildkatzen-Gehege Österreichs mit „Frieda" und „Carlo". Die Beobachtung dieser beiden wilden „Zimmertiger" ist ein weiteres Highlight von Hardegg.

Speierling Hotspot Winzendorf, N.Ö.: Franz Kofler vor seinem Naturdenkmal (1992). Von der Blüte zur birnenförmigen Frucht; kostbarer Schnaps; Speierling an der Schneebergbahn

Von Arschitzen und Atlasbeeren: Speierling und Elsbeerbaum

Den beiden seltensten Vertretern der Gattung *Sorbus* innerhalb der Familie Rosengewächse sind meine folgenden Baumbesuche gewidmet. In Europa gibt es über 170, in Österreich 10 *Sorbus*-Arten, von denen man am häufigsten den beiden bekannteren, der Mehlbeere (*Sorbus aria*) und der Eberesche oder Vogelbeere (*Sorbus aucuparia*) begegnet. Als Wild- und Kulturobstbäume haben sie vor allem wegen ihrer Früchte eine weit zurückreichende Kulturgeschichte.

Mitteleuropas seltenster Baum: Der Speierling (*Sorbus domestica*)

Sein Artname verrät schon seine einst bedeutungsvolle Rolle, die er als „heimisches, zum Haus gehörendes", domestiziertes Kulturgehölz einnahm. Seit der Antike (Theophrast, 4. Jh. v. Chr.) wurde die wärmeliebende, submediterrane Baumart, von der es apfel- und birnenfrüchtige Varianten gibt, als Nahrungsmittel geschätzt. Die Römer und später auch Karl der Große sorgten für seine Verbreitung nördlich der Alpen. Genutzt wurde und wird das wertvolle, feste, sandfarben bis rot gefärbte Möbel- und Furnier-Holz („Schweizer Birnbaum" - Handelsname für das Holz auch des Elsbeerbaums und Birnbaums) und seine tanninreiche Borke als Gerberlohe. Mit einem Trockengewicht von 0,88 g/cm^3 (Darrdichte) ist es das schwerste europäische Laubholz. Seine Früchte, die ebenfalls reich an Tanninen (von franz. tanin, Gerbstoff) sind, werden für die Herstellung von klaren, herben und haltbaren Apfelwein verwendet. Als adstringierendes Hausmittel bei Magen- und Darmbeschwerden spielte das Kernobst in der Volksmedizin eine nicht unbedeutende Rolle. Die erst nach Frost verzehrtauglichen, überreifen Früchte haben eine stopfende Wirkung und verhalfen unserem eingebürgerten Südeuropäer zu seinen deftigen österreichischen Volksnamen wie: „Arschitzen-" und „Lohdigerl"-Bam („Loh" = Loch). Die moderne, gewinnmaximierende Verarbeitung der Früchte liegt in der Destillation zu einem der teuersten Schnäpse.

Der Bestand des Speierlings in Europa ist seit mehr als 100 Jahren stark rückgängig. Er ist einzeln oder in kleinen Gruppen eine Baumart jener Laubwaldgesellschaften, die bis vor hundert Jahren im sogenannten Mittelwaldbetrieb bewirtschaftet wurden. Mit dem forstwirtschaftlich forcierten Hochwald unterlag er im Konkurrenzdruck den durchwachsenden höherwüchsigen Nachbarbäumen. In Österreich gibt es etwa 500 ausgewachsene Speierlinge, vor allem in Niederösterreich, in Wien und dem Burgenland. 2008 wurde der selten gewordene Speierling in Österreich zum Baum des Jahres gewählt. Umso erfreulicher ist der Einsatz einiger Kommunen für die Erhaltung und Vermehrung des „Arschitzenbams“, wie etwa in der Gemeinde Winzendorf-Muthmannsdorf im Bezirk Wiener Neustadt, N.Ö. Hier steht auf Privatgrund auch ein über hundert Jahre alter, birnenfrüchtiger Baum unter Naturdenkmalschutz. Sein im Jahr 2000 verstorbener, im 2. Weltkrieg schwer verwundeter, Vorbesitzer und nebenberuflicher Mesner, war einer der letzten Hutmacher, der auf die Walz ging. Die alte Handwerkstradition ist, wie die Menschen die sie aufrecht hielten, fast verschwunden. Das noch lebende Naturdenkmal ‚Baum‘ erinnert aber weitere Generationen an einen Menschen, der es geschätzt und gepflegt hat.

Die „schöne Else“ - ein Baum aus edlem Holz

Fast so selten wie der Speierling besitzt die Elsbeere (*Sorbus torminalis*) ebenfalls eines der härtesten Hölzer europäischer Laubbäume. Im Laufe der Jahrhunderte wurden ihr mehr als hundert Trivialnamen gegeben, die hier nicht alle genannt werden sollen: Alzbeere, Adlerbeere, Adlitzbeere, Atlasbaum, Atlasbeere (Odlasbir), Arisbeere, Arlesbeere, Arlkirsche, Arschröslein, Darmbeere, Drachenbaum, Els-Vogelbeere, Elzbeere, Elze, Elzenbaum, Frauenbeeri, Krause Else, Sauerbirl, Schöne Else, Schweizer Birnbaum, Wilder Sperber(baum).....Ruhrbirne, da die Früchte als Mittel gegen die Ruhr verwendet wurden. Sorbus torminalis ist eine submediterrane, wärme- und kalkliebende Baumart lichter Laubwälder der collinen bis submontanen Höhenstufe. Die Österreichische Waldinventur (ÖWI) liefert seit den 1960er Jahren die Grundlage, um die Verbreitung der heimischen Baumarten zu beschreiben. Der Schwerpunkt ihrer Verbreitung in Österreich liegt im Osten, in den Bundesländern Niederösterreich, Burgenland und Wien sowie der Südoststeiermark.

v.l.n.r.: **Elsbeerbaum im Herbst; Elsbeerbaum in voller Blüte; Blütenstand (Doldenrispe) der ‚schönen Else‘; am Michelbacher Elsbeerweg; Elsbeerfrüchte**

Unverwechselbar ist ihre Blattform mit den beidseits der Blattspreite zugespitzten Abschnitten und der prächtigen Herbstfärbung, von orange bis dunkelrot. Dass es sich bei den eiförmigen, bis 2 cm großen Früchten – Els"beeren" - nicht um Beeren im botanischen Sinn handelt, sondern um kleines, rotbraunes Kernobst, mag den Leser nicht beunruhigen. Bei allen sogenannten Scheinfrüchten, wie Apfel und Birne (Kernfrüchte) oder der Erdbeere (eine Sammelnussfrucht) verzehren wir (meist) nicht (nur) den ehemaligen Fruchtknoten (der zur eigentlichen Frucht wird), sondern fleischig und schmackhaft gewordene, vegetative Abschnitte der Blüte – etwa den Blütenboden.

So eigenartig wie die Frucht-Definition und -systematik und so zahlreich und kreativ wie die Namensgebung dieser fast vergessenen, alten Wild- und Kulturobstbaumart, ist die Vielfalt ihrer Fruchtinhaltsstoffe und der Fruchtverarbeitung. Für alle Sorbus-Arten ist der Zuckeralkohol Sorbitol typisch. Da er vom Körper langsamer aufgenommen wird als Fruchtzucker und in der Leber, unabhängig von Insulin, weiter verwertet wird, ist er als Zuckeraustauschstoff und für Diabetiker geeignet. Die Ernte der reifen Früchte im Oktober ist ein anstrengender und aufwändiger Vorgang. Da die Früchte sich nicht von selbst lösen, müssen sie händisch vom Baum gepflückt werden. Lange Leitern ermöglichen den Aufstieg der seilgesicherten Pflücker in die teilweise bis über 15 Meter hohen Bäume.

v.l.n.r.: Aufwärts am Elsbeerweg in Michelbach, N.Ö.; Erntezeit – hohe Leitern für Schwindelfreie; Haus der Elsbeere, ‚Auf der Prinz', Michelbach, N.Ö.

Region „Elsbeere Wienerwald"

Beseelt und überzeugt von ihren „besonderen Produkten" - die teuersten sind das Holz und der Schnaps - gründete eine kleine Gruppe von Landwirten und Waldbauern vor 10 Jahren den Verein ElsbeerReich, zur Erhaltung, Pflege und Vermarktung der Elsbeere. Zusammen mit Partnern aus Gewerbe, Tourismus und Dienstleistung wurden neue bäuerliche Spezialitäten entwickelt – Tischler, Konditoren, Gastwirte, Fleischer, Instrumentenbauer und Drechsler waren von Beginn mit dabei. Buchstäblich neue „Elsbeerwege" wurden beschritten. Einer der schönsten ist der Michelbacher Elsbeerweg.

Der erwachte Elsbeergeist

2020 hat einer der großen Elsbeerbäume am Michelbacher Elsbeerweg den Geist aufgegeben... Seine rührigen Besitzer brachten es nicht übers Herz ihn einfach umzuschneiden, da er doch sie und ihre Vorfahren am Hausbauerhof immer brav mit Elsbeerfrüchten beschenkt hat. So reifte die Idee etwas Besonderes aus ihm zu machen. Der tolle Motorsägen-Schnitzer Andi Leitner hat den schlummernden Elsbeergeist wieder sichtbar gemacht. Er wacht nun über alle Elsbeerbäume im Elsbeerreich.

Eine der monumentalsten Linden Österreichs:
Stammumfang über 12 m

Die Baum-Riesen von Übelbach (Stmk.)

Auf einer antiken Militärkarte als Wegmarke soll sie eingezeichnet sein – die mächtigste der insgesamt 8 monumentalen Winter-Linden (*Tilia cordata*), die seit vielen Jahrhunderten um das Gehöft Katzbauer-Lambacher stehen. Auf 950 Meter Seehöhe befindet sich diese beeindruckende Ansammlung alter Linden mit einem Stammumfang zwischen 7,30 und 12,50 Meter. Das mächtigste Exemplar weist einen riesigen, hohlen Innenraum auf, der den Eindruck eines Verstecks oder Spielplatzes von Füchsen, Mardern oder Menschen macht. Ohne großer Klettertour ist es leicht möglich in dieses „Wohnzimmer" des Baumes zu steigen und die vielen, säulenförmigen Stockausschläge die zum Himmel streben, zu bewundern.

In früheren Zeiten war es üblich eine Linde als Hofbaum zu pflanzen, hatte man doch damit gleich eine wichtige Apotheke als Lindenblüten-Lieferant vor der Haustür. Ob aber als Blütentee liefernder Heilbaum, als Vergnügungsbaum mit gezimmerten Tanzboden zwischen den Kronenästen, als beliebter Weichholzlieferant für Schnitzereien oder als Gerichtsbaum (judicium sub tilia), unter dem die reine Wahrheit ans Licht kommen sollte – ihre Bedeutungsvielfalt in unserer Kulturgeschichte ist damit noch lange nicht erschöpft.
Unvergesslich sind meine Besuche bei den gastfreundlichen Besitzern und Hüter dieser außergewöhnlich schönen und national bedeutsamen Ansammlung von Baum-Riesen. Besonders ein Besuch im Spätwinter 2012, wo ich nach einer inspirierenden Foto-Tour bei den Linden, als Gast beim Schnapsbrennen, mit köstlichen Vanillekipferl der liebenswürdigen Hausherrin verwöhnt wurde und mit der Rodel den verschneiten Forstweg abwärts fahren konnte.

National bedeutsamer Rekordbaum – die Übelbacher Riesenlinde

Vier der acht alten Winter-Linden von Übelbach, Stmk.

Beste Aussicht für ‚Bamkraxler', Übelbach, Stmk.

oben v.l.n.r.: Ein Baum zum Verstecken; Himmelsblick aus einem himmlischen Baum
unten v.l.n.r.: Die mächtigste Linde flankiert von zwei Nachbarbäumen (Feb. 2012); Winterlinde

links.: Winter-Linde, Übelbach, Stmk
rechts v.o.n.u.: Linden-Borke mit Flechten; Schnaps & Vanillekipferl; fünf Linden sind offizielle ND

Die ‚Hexeneiche‘ von Weinburg – Erinnerung an einen sagenhaften Riesen. Sein Absterben begann vor mehr als 20 Jahren.

Mammutbaum im Kurpark von Bad Gleichenberg, trotz Blitzableiters von einem Blitz schwer beschädigt

Traumbäume und Waldträume in der Südoststeiermark

Von Bad Blumau bis Bad Radkersburg erstrecken sich meine Streifzüge (im wahrsten Sinne - nämlich Zugfahrten und Wanderungen) zu außergewöhnlichen Bäumen. Die Oststeirische Thermenregion wie auch die „Südoststeirische Sonnenstube“ sind gekennzeichnet durch ihr mildes, fast submediterranes Klima und ihre Naturvielfalt. Dies führte auch zur touristischen Bezeichnung „Steirische Toskana“ für die Region um Leibnitz und den Sausal. Die kulturellen Schmankerl reichen von sensationellen keltischen und römischen Siedlungsfunden (Klein-Klein, Flavia Solva) - mit sehenswerten Museen in Klein-Klein und in Leibnitz, Schloss Seggau und Frauenberg - bis zu den typischen Genuss-Pflanzen Wein, Kürbis (-kernöl) und Hopfen – etwas nördlicher sogar Tabak.

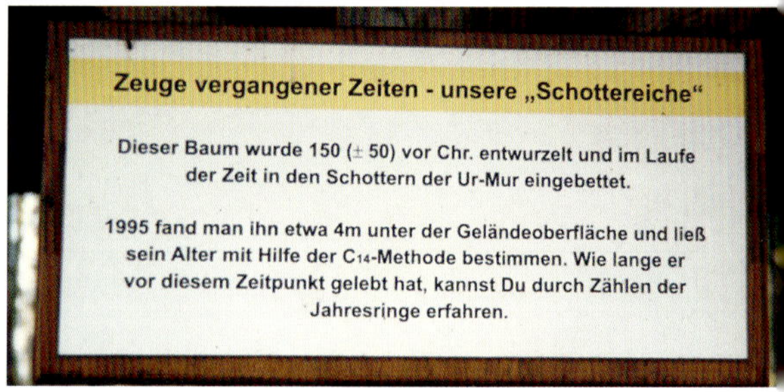

oben: Mammutbaum im Kurpark von Bad Gleichenberg
unten: Schottereiche in Mureck: Ein Dach für eine Leiche, ein konservatorisches Projekt

Eine bizarre Baumruine als Märchengestalt, die ‚Hexeneiche‘ bei Schloss Weinburg

Die knorrige Feld-Ulme von Weitersfeld an der Mur

Ulmenblüte; Uferweg am Grenzfluss Mur; Moorfrösche im Hochzeitskleid

oben v.l.n.r.: Erlen mit Raureifschmuck, Bad Radkersburg; brennender Himmel... es ist eingeheizt – im Thermalwasser-Paradies von Bad Radkersburg

unten v.l.n.r.: Wasser und Bäume – eine gesunde Einheit für Körper & Seele; dunkle Eichen und Platanen über heilendem Wasser - Abendthermengenuss; Herbst – Erholung für Natur und Mensch

Die „dicke Oachn" von Bierbaum/Bad Blumau

Als eine der ältesten, aber nicht dicksten, Eichen Europas gilt die sogenannte „Europa-Eiche" in Bierbaum an der Safen. Die „1000-jährige" Stiel-Eiche *(Quercus robur)* steht auf einem leicht erreichbaren und öffentlich zugänglichen Privatgrund am Weinweg zwischen Bierbaum und Loimeth, die seit 1968 zur Großgemeinde Blumau gehören. Zu Fuß benötigt man knapp vierzig Minuten von der Bahnhaltestelle Bierbaum-Safen aus. Ihr Stammumfang beträgt (2023) 7,54 Meter, der Kronendurchmesser liegt zwischen 27 und 29 Metern. Nach Blitzeinschlag wurde der mächtige Baum 1970 mit Beton ausgegossen, was früher üblich aber falsch war, da das Wasser nicht mehr abfließen konnte und der Baum zu verfaulen begann. 1989 wurde dieses Problem vom Baumchirurgen Manfred Saller erkannt und behoben. Das über die Landesgrenzen hinaus bekannte Naturdenkmal spielte in der Kulturgeschichte als Versammlungsplatz-Zentrum und Gerichtsbaum eine bedeutende Rolle. Über mehrere Generationen bemühte sich die Eigentümer-Familie Schmitt erfolgreich für seine Erhaltung und Pflege. Zum Vergleich: Die älteste Deutsche Eiche ist die „Ivenacker Stiel-Eiche" (Mecklenburg) mit einem Stamm-Durchmesser von 3,50 Meter (rund 11 m Umfang).

v.l.n.r.: Die berühmteste Eiche Österreichs, (Februar 2023); die „dicke Oachn" im Winterlicht; Mensch und Tier, alt und jung, im Schatten der alten Eiche in Bierbaum (August 1994)

Bild links: Der Kärntner Baum-Gigant – die „Kandelaberfichte“ von Laastadt

Bilder rechts: Die „Kandelaberfichte“ am Fuß der Nockberge; an einem Bacherl und Wanderweg wurzelt die hölzerne „Riesenkerze“; himmelwärts streben sieben Säulen der elefantösen Fichte

Ein Kärntner Riese

Er steht in Gestalt einer gewaltigen, siebenstämmigen Fichte in Arriach-Laastadt. Knapp 20 Kilometer nördlich von Villach, am Fuß des Wöllaner Nock mit Blick zur nahen Gerlitzen, wurzelt auf 1100 m Seehöhe einer der außergewöhnlichsten Bäume Österreichs. Das Naturdenkmal ‚Kandelaber-Fichte' – in Anlehnung an den Bau eines Kerzenleuchters, hat ein für Fichten ungewöhnlich hohes Alter von mehr als 500 Jahren. Als Grenzbaum ist sie seit mehr als 400 Jahren urkundlich bekannt.

Bei meinem ersten Besuch am 20. Mai 2021 (per ÖBB-Eurocity nach Villach) bei diesem 35 Meter hohen Riesen mit seinem fast neun Meter umfassenden Stamm war mir klar: ich stehe vor der ältesten und mächtigsten Fichte, die ich bisher sah. Während seine Artgenossen zunehmend an Trockenheit leiden, kann dieser „alte Knabe" (natürlich ist er, der Baum, zweigeschlechtig und hat männliche und weibliche Zapfen-Blütenstände) seine „Füße" in den feuchten Grund eines Quellbächleins stecken, das unmittelbar neben ihm talwärts fließt. Der erhöhte Grad des persönlichen Wohlbefindens, der sich beim Besuch dieses Ortes einstellte, nährte meine Überzeugung, dass es sich um einen Energieplatz handelt. Das gepflegte, eingezäunte Areal um Baum und Bach lädt nicht nur zum Bestaunen der Riesen-Fichte ein, sondern auch zur Nutzung der Kneipp-Stationen, sowie Ruhebänke und Liegen. Ein absoluter Geheim-Tipp für Ruhe, Kraft und Erholung Suchende: der Luftkurort Arriach und sein hölzernes Naturdenkmal.

„Bei uns in Hallstatt is es sogar schen, wenns schiach is. Weil schen schiach is a schen!“
(Zitat von Geigenbauer Arnold Lobisser, † 2024)

Immergrüner Empfangsbaum am Bootssteg von Hallstatt

Ob sie weiter immergrün bleibt entscheidet der Mensch

Traumblick vom Salzberg

Die Eibe von Hallstatt, O.Ö. Ein nobilitiertes Raucheropfer?

Hallstatt – Traumort, mystischer Seeuferort, Touristen hot-spot (aber nur in der Hauptsaison, die ich meide), kulturgeschichtliches und geobiologisches Juwel – ich kann mich diesem Ort nicht entziehen. An prominenter Stelle, am Schiffsanleger des weltberühmten oberösterreichischen Weltkulturerbe-Ortes, steht seit geschätzten zweihundert Jahren eine zum Naturdenkmal „geadelte" Eibe. Jährlich warten tausende Touristen um den Baum stehend oder sitzend auf das Fährschiff, das sie zur Bahnhaltestelle am gegenüberliegenden Seeufer bringt. Auf den kränkelnden Zustand der Baumkrone hinweisend, erfuhr ich, dass Unmengen an Zigarettenstummeln täglich im Traufbereich des Baumstammes herum landen, was auch zu sehen ist. Die permanente Vergiftung des Bodenbereiches durch Schwermetalle, Kohlenwasserstoffe, Säuren und viele andere der 7000 (!), zum Teil hoch toxischen chemischen Stoffe der Zigarettenkippen, könnte durchaus für den heilungsbedürftigen Boden- und Baumzustand verantwortlich sein.

‚Ökologie' = die Wissenschaft von den kleinen und unterbewerteten Ursachen, aber großen Auswirkungen!

Am eindrucksvollsten ist ein Hallstatt-Besuch, wenn die Anreise mit der Bahn und dem Schiff erfolgt. Sie ist nicht nur umweltfreundlicher sondern auch gemütlicher und erlebnisreicher, sofern der Schnellzug aus Wien nicht mehr als 5-6 Minuten Verspätung im Umsteigbahnhof Leoben hat. Sollte dies eintreten (mir ist es zweimal bei drei Fahrten passiert) hat man eine Zwangspause von zwei Stunden...

Frühling im Echerntal

Einsame Wege im Echerntal – Inspirationsquelle für zwei berühmte Freunde

Bemooste Felsblocklandschaft am Fuß der Hirlatzwand

Der Waldbach

Glückliche Begegnung im Märchenwald: Stifter und Simony in Hallstatt (Sommer 1845)

Zwei berühmt werdende Freunde, beide aus Böhmen stammend, unternahmen 1845 eine gemeinsame Wanderung im Hallstätter Echerntal. Den Waldbach entlang führen einsame Wege durch einen, wie aus vergangenen Zeiten stammenden Märchenwald, der von den durch den Weltkulturort hetzenden Touristenscharen unbeachtet und daher verschont bleibt. Die beiden geistig verwandten Freunde lernten sich 1844 im Haus des Staatskanzlers Metternich kennen und schätzen. Der Jüngere, Friedrich Simony (1813-1896), Geograph und Alpenforscher, etablierte als erster Ordinarius für Geographie dieses Lehrfach an der Universität Wien. Seine besondere wissenschaftliche Neugierde und Liebe galt dem Hallstätter See den er vermaß und dem Dachstein. Als Erforscher der Geomorphologie des Dachsteingebietes und seinen acht Gletschern, gelang ihm 1847 auch die erste, für unmöglich gehaltene, Winterbesteigung des mit 2995 m höchsten Berg der Steiermark und Oberösterreichs. 1843 errichtete Simony am Torstein, einem 2948 m hohen Nebengipfel, den ersten Klettersteig der Welt – den Randkluftsteig. Die andere Lichtgestalt sollte auf literarischem Gebiet Weltruhm erlangen, obwohl er sich selbst noch als ‚Landschaftsmaler' bezeichnete: Adalbert Stifter (1805-1868).

Stifter unterrichtete Metternichs Sohn Richard in Mathematik und Physik, Simony sammelte für den Fürsten Fossilien. Ein riesiger Trias-Ammonit erhielt zu Ehren des fürstlichen Gönners sogar dessen Namen, Pinacoceras metternichi. Er ist eines der Prunkstücke in der Paläontologischen Sammlung des Naturhistorischen Museums in Wien. Schon vor ihrer ersten Begegnung zeigte sich die geistige Verwandtschaft des Dachsteinforschers und des „Dichters des sanften Gesetzes": Stifter beschreibt seine Eindrücke von einer totalen Sonnenfinsternis – Simony seine ersten Dachsteinerlebnisse (1842).

Adalbert Stifter

Friedrich Simony

Simony-Denkmal im Echerntal

Zurück zur gemeinsamen Wanderung im Echerntal. Bei dieser erhielt Stifter von Simony die Anregung zur großartigen Erzählung „Der Heilige Abend", die unter dem späteren Titel „Bergkristall" als Buch und in Verfilmungen große Bekanntheit erlangte.

Gletschergarten im Echerntal

Kleine Gletschermühle

Moosmännchen im Zauberwald des Echerntales

Turnende „Moosaffen“

Über die Entstehungsgeschichte dieser Erzählung gibt es ein kostbares und köstliches Dokument (wie Prof. Rudolf Lehr 1996 wunderbar beschreibt):

Friedrich Simony sendet am 19. August 1871, dreieinhalb Jahre nach Stifters Tod, an den Literaturhistoriker Emil Kuh (1828-1876) einen Brief über seinen „Verkehr mit Stifter“. Darin schildert er, wie während des Spaziergangs im Hallstätter Echerntal plötzlich „ein pausbäckiges, freundlich blickendes Kinderpaar“ auftaucht, „mit riesigen Filzhüten auf den kleinen Köpfen und mit regendurchtränkten Grastüchern über dem Rücken“. Die Kinder haben Erdbeeren gesammelt, die sie verkaufen wollen. Stifter kauft ihnen die Erdbeeren ab, verlangt aber, dass sie sie selber essen. Die Kinder erzählen, dass sie in der Früh auf die Wiesalpe zum Großvater gegangen sind, um ihm von der Mutter etwas zum Essen zu bringen. Auf der Flucht vor dem schlechten Wetter sind sie hinter einen überhängenden Felsen gekrochen, „bis es nicht mehr donnerte“. Sie griffen „herzhaft in ihr Körbchen“ und „schwatzten noch treuherzig“ fort, „bis die Erdbeeren zu Ende waren“.

Beim Gang neben dem Waldbach kommt einen Tag später das Gespräch der Freunde auf das Gletscherwasser, das den Bach speist. Das „gab den Anstoß“, berichtet Simony, „von meinem ersten winterlichen Besuche des Karlseisfeldes zu sprechen und dabei eine Eishöhle zu schildern, durch welche es mir gelungen war, unter dem Gletscher eine bedeutende Strecke vorzudringen“. Da kommt Adalbert Stifter die Idee für seine Erzählung: „Ich habe mir jetzt das Kinderpaar von gestern in diesen blauen Eisdom versetzt gedacht; welch ein Gegensatz wäre dies liebliche, aufknospende, frisch pulsierende Menschenleben zu der grauenhaft prächtigen, starren, todeskalten Umrahmung!“ Und Stifter wendet sich an Simony: „Vielleicht stehle ich Ihnen einmal dieses Bild, wenn Sie nicht vorziehen, es selbst unter die Leute zu bringen.“ Dazu Simony: „Er hat es später auch im „Bergkristall“ unter die

Pelzige Bäume mit der seltenen Lungenflechte

Bärlapp

Moosbehang mit Tüpfelfarn

Leben auf Totholz - Schnecken lieben Pilze

Leute gebracht, und so unnachahmlich schön, dass es kein Mensch schöner hätte fertigbringen können." Stifter hat seinen Freund Simony im „Nachsommer" verewigt: In der Hauptgestalt, den mit geologischen Studien beschäftigten Heinrich Drendorf, ist nach übereinstimmender Überzeugung aller Stifter-Forscher Friedrich Simony zu erkennen. Wenn der Held des Romans zu einem Gletscher emporsteigt, so sind dabei die Winterexpeditionen Simonys zum Hallstätter Gletscher gemeint. Wie Simony zeichnet auch Heinrich Drendorf, er macht meteorologische Untersuchungen und mietet sich in einem Seeort ein, um dort „mehrere Messungen der Tiefe des Wassers" zu machen. Von einem „Simmeis" ist im „Nachsommer" die Rede – daraus glauben manche direkt auf den Namen Simony schließen zu können. Eindeutig ist, was Stifter mit dem „Firnschrund" meint, „den man hatte überspringen müssen, oder zu dessen Überwindung wir nicht selten Leitern verfertigten, und über das Eis trugen". Fast wörtlich lässt sich dieser Satz auf die Wirklichkeit übertragen. Denn für die Dachstein-Randkluft, die „man hatte überspringen müssen", dienen die Leitern Simonys, die die Bergsteiger „über das Eis trugen".

1848: Revolution in Österreich, Franz Josef I. wird Kaiser von Österreich. Friedrich Simony folgt einer Berufung als Kustos an das Klagenfurter Landesmuseum. Er trauert seinem zweiten Heim Hallstatt nach:

„Mit schwerem Herzen schied ich aus dem Salzkammergut,
wo jede Felszacke, jeder schöne Baum,
jeder tobende Bach, Seen, Täler, Berge und manche warme Augen
und weiche Herzen mir liebe Freunde geworden waren."

Baum-Persönlichkeiten im Salzkammergut

Das sich über die drei Bundesländer Steiermark, Oberösterreich und Salzburg erstreckende Salzkammergut ist nicht nur eine der berühmtesten Kulturregionen Österreichs, sondern auch eine geo-biologische Schatztruhe. Besucher aus aller Welt können in diesem einzigartigen, von markanten Felsgebirgen umrahmten Seen-Gebiet nicht nur die ältesten Anlagen und Zeugnisse des Salzbergbaus besuchen, sondern auch Naturjuwelen in Gestalt seltener Blumenwiesen, romantischer Wälder und seltener, alter Bäume.

Das hölzerne Foto- und Filmmodel vom Grundlsee, Stmk.

Zu jeder Jahreszeit ist diese Baum-Schönheit einer Rotföhre (Weiß-Kiefer, Wald-Kiefer; *Pinus sylvestris*) am Panorama-Seeweg beim Gaiswinkel einen Besuch wert. Das Naturdenkmal mit seinem weit ausladend über dem „Steirischen Meer“ hängenden untersten Ast, sticht aufmerksamen Betrachtern von Touristik-Broschüren und Werbefilmen sofort ins Auge.
Ein Blick in die gesunde Krone dieser landschaftsprägenden Rotföhre lässt die Unterschiede zur Österreichischen Schwarz-Föhre (*Pinus nigra austriaca*), deren Borke nicht orangerot ist und die längere, dunkle Nadeln und größere Zapfen besitzt, leicht erkennen.

NATUR
DENKMAL

Die Berg-Ulme von Gosau

Jedes Kind kann die Blätter unserer Ulmen-Arten leicht erkennen. Sie sind von schiefer (asymmetrischer) Gestalt und kratzbürstig behaart – die Wangenprobe erlaubt sogar eine Bestimmung mit geschlossenen Augen. Die größten Blätter der drei heimischen Arten (Feld-, Flatter- und Berg-Ulme) besitzt die Berg-Ulme *(Ulmus glabra)*. Ulmen sind Frühblüher und erzeugen geflügelte Früchte (Flügelnüsse). Leider werden Ulmen durch einen aus Nordamerika eingeschleppten Pilz *(Ceratocystis ulmi)*, der die Tracheen (Wasserleitungen des Baumes) verstopft, was zum Absterben führt, immer seltener. Aus diesem Grund sind alte und mächtige Vertreter dieser gefährdeten Baumart, die in Gosau an der Straße vor dem Forsthaus steht, besonders wertvoll. Der Stammumfang des 25 m hohen Naturdenkmals beträgt 4,70 Meter (15.5.2022).

Naturdenkmal ‚Mostbaum-Allee' in Bad Goisern, O.Ö.

Der „Lammertaler Wächter" und der „Tannenstrauch" (Salzburg)

So wird die höchste und mächtigste von mehreren kolossalen Weiß-Tannen *(Abies alba)* genannt, die als überragendes – im wahrsten Sinn des Wortes - Naturdenkmal im Lammertaler Urwald ihre etwas jüngeren und um zehn bis fünfzehn Meter kürzeren Baumverwandten übertrifft. Mit einer Höhe von 47 Metern dürfte dieser außergewöhnliche Baumriese, nach einem 49 Meter hohen Baum der im Niederösterreichischen Urwald „Rothwald" wurzelt, die zweithöchste Weiß-Tanne Österreichs sein. Der Koloss hat einen Stammumfang von mehr als 5 Meter und ist über 300 Jahre alt. Sein Volumen beträgt rund 46 m^3. Auf einem informativ beschilderten Rundweg, kann man diesen Übersteher und weitere mächtige Exemplare an Tannen, Buchen, Fichten und Lärchen bestaunen, zum Beispiel die „Alte Tax"*, eine 48 Meter hohe Fichte mit etwa 42 m^3 Holzvolumen. Naturwälder werden in Österreich heute in Nationalparks, Naturschutzgebieten und knapp zweihundert Naturwaldreservaten geschützt. Diese Reservate haben eine Gesamtfläche von ca. 8.600 Hektar.

Das 10 Hektar große Naturwaldreservat „Lammertaler Urwald" befindet sich in ca. 1200 m Seehöhe am Hofschoberberg (1666 m), oberhalb der Spießalm, in einem Landschaftsschutzgebiet der Pongauer Gemeinde St. Martin am Tennengebirge. Die Namen Tennengebirge und Tennengau (Bezirk Hallein) dürften sich von der dortigen Tennalm (Tennboden) herleiten, also von „Tenne", einer Fläche im Freien oder einer Scheune, auf der das Getreide gedroschen, also die Spreu vom Getreide getrennt wurde. Dass sie auf die Tanne zurückführbar wären, die der Region ab 1900 die Bezeichnung „Tännengau" gab, ist wahrscheinlich dendrophiles Wunschdenken, würde mir aber mehr gefallen.

Am Südrand des Tennengebirges herrschen regional sehr günstige Wuchsbedingungen und auf Grund seiner Lage und Funktion als Schutzwald für die darunterliegende Ansiedlung Hofhaus/Spießhof wurde das Waldstück nie forstwirtschaftlich genutzt. Etwas westlich vom Urwald befindet sich der Truppenübungsplatz Aualm, der ebenfalls eine forstwegliche Erschließung des Hofschoberbergs verhinderte. Dadurch konnte sich ein natürlicher Plenterwald ausbilden, dessen ältesten Bäume auf 300-350 Jahre geschätzt werden. Für Familien mit Kindern, die ein Abenteuer erleben wollen, wird jeden Dienstag um 10:00 Uhr von Anfang Juli bis Anfang September eine geführte „Urwald-Erlebnis-Wanderung" mit lokalen Bergführern aus St. Martin am Tennengebirge veranstaltet.

** „Tax" ist ein altes regionales Wort für Nadelbäume, vergl. Taxenbach, das sich aus lateinisch taxus, heute botanisch für die Eibe, herleitet.*

Blick zum Urwald mit Tennengebirge

Drei Giganten: Tanne, Fichte, Buche

Die Riesentanne mit Baumschwamm „Hias“

Torfmoos

Rippenfarn

Schachtelhalm

Der kuriose „Tannenstrauch“ - eine Baumgruppe als Naturdenkmal

Bereits im Wurzelkomplex verzweigt sich dieser als „Baumstrauch“ oder „Acht Tannen“ bezeichneter Baumkomplex in 8 Einzelbäume, die zu 30 Meter hohen Stämmen ausgewachsen sind und wie Orgelpfeifen auf einer kreisförmigen Fläche von rund 10 m^2 himmelwärts ragen. Diese sehr seltene Erscheinung einer mehrstämmigen Tanne befindet sich, unweit des Lammertaler Urwaldes, an der Südabdachung des Tennengebirges, bei Lungötz, am Nordhang des Korein (Moosriedel), einem südlichen Vorberg des Gebirgsstocks gegen das obere Lammertal hin. Das gut beschilderte Naturdenkmal ist in ca. 50 Minuten vom Alpengasthof Lämmerhof in Lungötz auf einem Fahrweg von dem ein markierter Baumwanderweg abzweigt erwanderbar.

Nadelbäume bilden normal keine Wurzelschößlinge, die Weiß-Tanne (*Abies alba*) ist aber in Ausnahmefällen dazu fähig. Der „Mehrstamm-Baum“ wird auf 180 Jahre geschätzt und bekam seinen kuriosen Namen, weil er in jüngeren Jahren wie ein Strauch ausgesehen hat. Man nimmt an, dass er in Jugendjahren im Terminalbereich von Schneebruch oder durch Wildverbiss verletzt worden ist. Beide geschützten Baumraritäten sind problemlos auch ohne eigenem Auto mit öffentlichen Verkehrsmittel erreichbar. Mit dem ÖBB-Railjet nach Salzburg und weiter mit einem IC oder REX bis Bischofshofen. Von dort per Regionalzug bis Eben im Pongau oder mit dem Bus 510 Richtung Radstadt. Gesamtfahrzeit: 4 Stunden 31. Das Alpen-Gasthaus Lämmerhof bietet einen Taxidienst an, um die letzten ca. 11 km von der Bushaltestelle „Niedernfritz/Abzweigung St. Martin“ oder vom Bahnhof Eben im Pongau zur Unterkunft in Urwaldnähe, zu bewältigen.

Was meine Besuche betrifft, kann ich den Alpengasthof Lämmerhof in Lungötz, Gemeinde St. Martin am Tennengebirge, nur wärmstens empfehlen. Von diesem familiären Gourmet- und Erholungs-Paradies aus sind der Urwald und der „Tannenstrauch“ in ein bis eineinhalb Stunden leicht zu erwandern.

Sumpf-Stendelwurz (Epipactis palustris)

Blick vom Lämmerhof zur Großen Bischofmütze (2468m)

Naturdenkmal "Kesselfall" - ein Waldrelikt in Kaprun (Salzburg)

In den Hohen Tauern - genauer in der Pinzgauer Nationalpark-Gemeinde Kaprun - befindet sich ein besonderes, seit 1933 geschütztes biogenetisches Wald-Reservat. Es ist das Naturdenkmal „Kesselfall“, das seinen Namen, einem Abschnitt, des historisch so wertvollen und bewundernswerten Wasser-Energie-Bauwerkes „Glockner-Kaprun“ verdankt.

Die vielen Besucher der Hochgebirgswelt um die Wasserspeicher Mooserboden und Wasserfallboden, die überwiegend mit dem PKW zum Kesselfall (der Endstation der öffentlichen Buslinie vom Bahnhof Zell am See) anreisen, sind meist gleichermaßen begeistert von der grandiosen Bergnatur um Wiesbachhorn, Klockerin, Bärenkopf, Hocheiser und Kitzsteinhorn, wie von den monumentalen Staumauern (Limberg-, Drossen- und Moosersperre) und den Kraftwerksanlagen samt Druckleitungen. Das vor dem Krieg begonnene und danach fertiggestellte „Technische Wunder von Kaprun“ (1956), gilt heute als Symbol des Wiederaufbaus durch die Gemeinschaft von Planern, Technikern und schwer arbeitenden ‚Baraberern‘.

In den vergangenen fast achtzig Jahren, hat die Natur Wunden, die durch die Bauarbeiten entstanden, so gut überwachsen, dass man meint, diese Stausee- und Stromgewinnungs-Anlage hätte in dem engen Tal schon immer bestanden. Es ist eine seltene Symbiose zwischen Natur und Technik entstanden, die auf jeden Fall einen Besuch und einen näheren Lokalaugenschein interessant machen. Von den Bauarbeiten wenig berührt, hat sich im mitteleren Bereich des Kapruner Tales ein besonderer Waldtyp in Gestalt eines Berg-Ahorn-Mischwaldes mit Buche, Esche, Grau-Erle, Hasel und eingestreuten Fichten und Tannen erhalten. Als dominierendes krautiges Charakteristikum tritt der Straußenfarn (*Matteuccia struthiopteris*) in sehenswerter Menge und Größe auf. In diesem beeindruckenden Farn-Dschungel leben viele seltene oder selten gewordene Blütenpflanzen-, Moos-, Pilz-, Flechten- und Tierarten.

Türkenbund

Straußenfarn

Straußenfarn

Straußenfarn

Schildfarn

Großer Ahornboden, Tirol

Ahornholz

Die Karwendelberge strahlen in der Morgensonne

Der Große Ahornboden: Das Tiroler Baumparadies soll nicht sterben

So definiert sich das Ziel des Managementplans für ein in den gesamten Ostalpen ohne Vergleich existierendes Juwel einer alten Kulturlandschaft. Das Landschaftsschutzgebiet „Großer Ahornboden", am Talschluss des Rißtales liegend, ist ein Edelstein im größten Schutzgebiet Tirols – dem Alpenpark Karwendel. In diesem ursprünglichen Hochgebirgstal zwischen 800 und 1300 m Seehöhe stand einst ein Mischwald aus Tannen, Fichten, Buchen und Berg-Ahorn. Erst durch Rodungen wurden Almflächen geschaffen und einzelne Ahornbäume geschont, um ihr Laub und Holz zu nutzen. Lawinen, Vermurungen, Überschotterungen und dadurch erfolgte ungünstige Grundwasser- und Bodenbedingungen erschwerten das Leben der Menschen und Bäume erheblich.

Die ältesten Berg-Ahorne: Überlebenskünstler im Schotter

Die physiologische Altersgrenze des Berg-Ahorns *(Acer pseudoplatanus)* wird mit etwa 500 Jahren angegeben. Die ältesten Bäume sind zwischen 300 und 600 Jahre alt und stellen zusammen mit den mittel-alten (100-300 Jahre) rund drei Viertel der 2218 Bäume. Jeder einzelne Ahornbaum ist ein ganz spezieller Mikrokosmos und Lebensraum für seltene Moose, Flechten und Pilze. Die vielen Hohlräume im hellen Holz der alten und toten Bäume werden besonders gerne von Fledermäusen, Nagetieren, Vögeln und Insekten bewohnt. Nachpflanzungen sollen dieses einzigartige österreichische Baumparadies, das auf der Straße nur über deutsches Bundesgebiet erreichbar ist, erhalten.

Baumtraumwelt auf der Eng-Alm, Großer Ahornboden, Tirol.

Rauchende Bäume am großen Ahornboden

Seit Jahrhunderten trotzt sie, gut verwurzelt auf ihrem Fels-Ansitz mit Ausblick ins Südtiroler Antholzer Tal, Stürmen und Niederschlägen aus Wasser, Schnee und Eis.

Loslassen ist kein Überlebensprogramm für Zirben

Die Zirbel-Kiefer (*Pinus cembra*), mundartlich „Zirm" haftet das Prädikat der frosthärtesten Baumart der Alpen an. Der von den Deutschschweizern Arve benannte, fünfnadelige Hochgebirgsnadelbaum – mit einem kleinen Teilareal in den Karpaten – erträgt unbeschadet Temperaturen bis zu -43 Grad C. Er kann bis zu 25 Meter hoch und 1000 Jahre alt werden.
40-90 (meistens 50) Jahre dauert es bis sie die ersten Zapfen tragen, deren Samen zwei Jahre zum Reifen benötigen. Mit der Lärche vergesellschaftet, besiedeln Zirben Höhenlagen zwischen 1300 und 2850 Meter und bevorzugen frische, tiefgründige Böden sowie versauerte Rohhumusböden. Wie viele andere Baumarten ist sie auf die Symbiose mit Pilzen angewiesen (Ektomykorrhiza) ohne der sie in höheren Lagen kaum überlebensfähig wäre. Zu den häufigsten Mykorrhiza-Partnern zählt auch der Fliegenpilz. Mit tief verankerten Senk- und Seitenwurzeln dringt die Zirbe in kleinste Gesteinsspalten ein, festigt steile Rohböden und bildet so einen wichtigen Schutz vor Steinschlag, Lawinen und Erosion. Ein gesunder Hochgebirgswald ist der Lebensschutz für den alpinen Siedlungsraum des Menschen.

„W & Z": Wellness und Zirbe

Ihr durch das ätherische Öl Pinosylvin aromatisch duftendes Holz ist sehr wertvoll und als Möbel- und Schnitzholz begehrt. Pinosylvin ist auch für die Resistenz des Holzes gegenüber Schädlingen, Bakterien und Pilze verantwortlich – hat also antibakterielle und antimykotische Eigenschaften. Die von Joanneum Research – Institut für Nichtinvasive Diagnostik 2003 veröffentlichte Studie zu den „Auswirkungen eines Zirbenholzumfeldes auf Kreislauf, Schlaf, Befinden und vegetative Regulation", kam zu einem sehr positiven Ergebnis, ist aber umstritten. Welche Wirkungen ein gesunder Wald im Allgemeinen oder der Anblick eines Baumes und das Einatmen seiner Düfte im Besonderen erzeugt, können wir glücklicherweise selbst auch ohne wissenschaftliche bzw. „wissenschaftliche" Befunde und gerichtliche Urteile in Erfahrung bringen. Die wohlschmeckenden und nahrhaften Samen (Zirbelkerne) enthalten 70% Fett und 20% Eiweiß. Sie erfreuen seit Generationen Menschen und Tiere. Als Spezialität, die aus mehrwöchig in Schnaps eingelegten, zerschnittenen Zirbenzapfen entsteht, gilt der als Heil- und Genussmittel angebotene Zirbengeist (der „Zirberl").

Das „Pfauenauge", ein märchenhaftes Kleingewässer bei einer der ältesten Almen in den Alpen, der Jagdhaus-Alm im Oberhauser Zirben-Tal.

In der Zirbenwelt fühlen sich aber auch Heilpflanzen und seltene Falter wohl und übertragen dieses gesunde Gefühl auf den achtsamen Besucher. V.l.n.r.: Arnica montana, Alpen-Apollo, Sumpf-Herzblatt

Dichter Zirbenwald am Staller-Sattel; Zapfenfund mit Fliege; Holzmodell in St. Jakob, Defreggental, reifender „Zirberl“

Die „Stimmgabel-Zirbe“ am Obersee beim Staller- Sattel in Osttirol im größten zusammenhängenden Zirbenareal der Ostalpen.

Eine besondere Partnerschaft existiert zwischen der „Königin der Alpen", der Zirbe (Zirbel-Kiefer, Arve) und dem „gefiederten Förster". Von der Vergesslichkeit des hübschen Vogels profitieren alle Bewohner und Besucher der alpinen und hochalpinen Regionen. Der Tannenhäher (*Nucifraga caryocatactes*) lebt im Sommer überwiegend von Insekten und frisst auch Eidechsen, Frösche, Vogeleier und Nestlinge. Im Spätsommer ernährt er sich von Beeren. Die Hauptnahrung des weiß gesprenkelten braunen Rabenvogels von Herbst bis Frühsommer besteht aus den Samen („Nüsschen") der Zirbenzapfen, die er mit seinem kräftigen Schnabel knackt. Aus diesem Verhalten schlossen Forstleute und Waldbesitzer in früheren Jahren eine schädliche Auswirkung des Tannenhähers auf die Verjüngung der Zirbe. In der Schweiz wurden sogar bis in die 1960er Jahre Abschussprämien bezahlt – heute ziert er das Emblem des Schweizerischen Nationalparks.

Im Herbst kann man ihn auch in Tallagen begegnen, wo er Haselnüsse sammelt, um sie als Wintervorrat zu ernten. Für die Anlage von Wintervorratsverstecken mit Nadelholzsamen – besonders der Zirbe - und Haselnüssen, hackt er tausende Löcher in den Boden, lässt einige Samen hineinfallen und deckt sie sorgfältig mit Streu, Moos oder Flechten zu. Während andere Kiefernarten, aber auch Fichte und Tanne, leichte, geflügelte Samen zur Verbreitung durch den Wind bilden, produziert die Zirbe schwere, sehr nährstoffreiche Samen, die vor allem von Tieren und dem Menschen verbreitet werden.
Forscher des Geografischen Institutes der Universität Münster, die von Herbst 1974 bis Sommer 1975 in einem Schweizer Waldgebiet im Engadin ein Revier und das Verhalten von 5 Tannenhäher-Paaren beobachtet und detailliert untersucht haben, kamen in ihren Berechnungen zum Schluss, dass das Überleben und die Verbreitung der Zirbe/Arve in hohem Maß von dieser Vogelart abhängt. Das Verblüffende an der Leistung der 10 Tannenhäher war aber nicht nur die Anlage von 30.000 Verstecken, von denen 7000 über der Waldgrenze lagen, sondern vielmehr die Wiederauffindung derselben. Die längste registrierte Transportdistanz der „Air Tannenhäher" betrug 22 Kilometer – auch bergauf, wohin die schweren Samen von selbst nicht gelangen können.

Genauer betrachtet hat die Zirbe ungünstige Voraussetzungen für die Verbreitung ihrer Samen. Sie sind im Vergleich zu den anderen Nadelbaumsamen ungeflügelt, schwer und die Zapfen öffnen sich nicht von selber. Glücklicherweise, schreibt Eike Lena Neuschulz von der Eidgenössischen Forschungsanstalt für Wald, Schnee und Landschaft (WSL), hat die Natur dafür eine Lösung – den Tannenhäher. „Obwohl die übrigen 20% Samenverstecke an Standorten vergraben worden sind, wo sie schlecht keimen können, und deshalb der Beitrag des Tannenhähers an der Verjüngung der Arvenbestände geringer sein dürfte als bisher angenommen, ist er trotzdem der primäre Samenausbreiter der Zirbelkiefer". Zirbelkiefersamen brauchen zur Keimung feuchten Boden und viel Licht. Der Tannenhäher vergräbt sie dort, wo der Boden trocken und das Kronendach relativ dicht ist. Felix Gugerli (WSL) bemerkt dazu, „dass in Jahren mit geringer Zapfenproduktion, der Häher auf früher angelegte Verstecke zurückgreifen kann. In eher trockenen Böden bleiben die Samen vermutlich besser erhalten".

Bilder oben v.l.n.r.: Naturgärtner der Zirbe – der Tannenhäher (Suchbild) Penken, Zillertal; vom Tannenhäher bearbeiteter Zapfen

Bilder oben v.l.n.r.: Ob die Baby-Arve vor dem gefalteten Bündner Schieferfelsen auch zu so einem mächtigen Baum mit krakenhafter Wurzelscheibe auswächst? (Lukmanierpass, Tessin-CH); Zirben an der Baumgrenze im Schweizer Nationalpark, Ofenpass; Hähertankstelle am Südhang des Schneeberges im Höllental (N.Ö.)

Wie ein Baum zum Naturdenkmal wird - Die mächtige Stiel-Eiche im Rheindelta

Vorarlberger Baumbesuche

Wie ein Baum zum Naturdenkmal wird - Die Eiche im Wiglat

In Vorarlberg gibt es 240 Naturdenkmäler, darunter Schluchten, Höhlen und sogar Wasserfälle, aber die meisten sind, wie in allen Bundesländern, Bäume. Ein Baum, der ebenfalls das Zeug zum Naturdenkmal hat, steht in Fußach bei Bregenz. Bestrebungen sind im Gange, den Riesenbaum unter Naturschutz zu stellen. Die Stiel-Eiche (*Quercus robur*) im Fußacher Wiglat, das zum Naturschutzgebiet ‚Rheindelta' gehört, ist ein Gigant unter den Eichen im Land. Ihre Körpermaße sind beeindruckend: Höhe: 30 Meter, Kronenbreite: über 40 Meter, Stammumfang: 7,65 Meter, Geschätztes Alter: 330-370 Jahre.

Andere Eichen sind viel jünger und bereits als Naturdenkmal geschützt, wie zum Beispiel die Stieleiche im Feldmoos in Bregenz, die einen Stammumfang von 4,6 Meter hat. Die ‚Wiglat-Eiche' misst fast das Doppelte. Eichen wachsen in den ersten 100 Jahren ihres Lebens in die Höhe. Danach stellen sie das Höhenwachstum ein und wachsen mehr in die Breite. Die einzelnen Äste der ‚Wiglat-Eiche' haben eine Windlast von mehreren Tonnen. Ihre prachtvolle Wuchsform verdankt sie anderen Bäumen drumherum, die die starken Westwinde im Rheindelta abfedern. Ansonsten steht sie praktisch frei. Viele Menschen sind von dem Prachtbaum, der in einer Wiese nahe dem Radweg am Bolderdamm im Rheindelta steht, fasziniert. Auch die Besitzerin und ihre Familie haben schöne Erinnerungen an den Baum. Früher sei man beim Heuen unter der Eiche im Schatten gesessen, dort wurde gegessen, gesungen und gelacht, sagt Marianne Schmidt. Auch ich habe die ‚Wiglat-Eiche' am 14. Oktober 2022, nach einer gemütlichen Wanderung von der Busstation in Fußach aus, durchs ‚Ried' in Richtung Rohrspitz, gefunden und sie bewundern können. Auf ihre Existenz bin ich durch die Zufallsentdeckung eines ORF-Berichtes vom 11. Juli 2022 gestoßen. *(Quelle: red,vorarlberg.ORF.at)*

Bregenzer Hafenpromenade: Naturdenkmal ‚Molo'

Eine der zentralen Sehenswürdigkeiten der Vorarlberger Hauptstadt ist das grüne Parkgelände zwischen Hauptbahnhof, Festspielbühne und Hafen. 1294 wurde das ‚Bregenzer stade', das Bregenzer Ufergelände, erstmals erwähnt. Aus dieser Zeit stammen auch die ersten Zeugnisse einer Schiffsanlegestelle. Seit den Ursprüngen im Mittelalter ist aus der Anlegestelle ein moderner Hafen geworden, der durch eine umfassende Neugestaltung der steigenden Besucherfrequenz zu Land und zu Wasser Rechnung trägt. Der neue Hafen lädt zum Verweilen ein und bietet nicht nur gestalterische und architektonische, sondern auch botanische Leckerbissen in einem Erholungspark mit artenreichem Arboretum. In diesem bunt bepflanzten

Blick von der Pfänder-Seilbahn

Der Bregenzer Hafen

Schwarzpappelriese

Erholungs- und Flaniermeile ‚ND Molo'

‚Blumenmolo' mit einigen monumentalen Prachtbäumen, darunter einem Riesenmammutbaum und dem mächtigsten Exemplar einer *Thuja plicata* (Riesenlebensbaum), das ich bis jetzt sah, thront am Ende der schmalen Seepromenade ein Riese unter den Laubbäumen: eine Schwarz-Pappel *(Populus nigra)* mit stark verzweigter Krone und einem 6,34 Meter umfassenden Stamm. *(hafen-bregenz.at)*

Das Zisterzienserkloster Mehrerau: Von Mensch zu Baum

Die 1097 als Benediktinererkloster gegründete und seit 1227 zisterziensische Abtei Wettingen-Mehrerau liegt in ruhiger Lage am Bodensee und ist mit dem öffentlichen Bus (Linie 2) in knapp 15 Minuten vom Bregenzer Bahnhof aus zu erreichen. Durch mein Interesse für die Schreckensgeschichte des Nationalsozialismus und die Folgen des Rassenwahns – über die ich im Gymnasium, wie so viele meines Jahrgangs – nur ungenügend informiert wurde, wusste ich, dass eine besondere Frau des Widerstandes im Sanatorium des Klosters ihre Ausbildung zur Krankenschwester absolvierte: Maria Stromberger (1898-1957).

Sequoiadendron giganteum
Kloster Mehrerau 2023

Maria Stromberger, der Engel von Auschwitz, wie sie von den Gefangenen des KZ genannt wurde, lebte durch viele Jahre unbekannt und ungeachtet in unserer Mitte und starb am 18. Mai 1957 in Bregenz. Eine kürzlich am Sanatoriumsgebäude angebrachte Gedenktafel erinnert an diese mutige und lebensgefährlich-hilfsbereite Frau. Im weitläufigen Hof des daneben befindlichen Klosters, an das auch ein Privatgymnasium angeschlossen ist, befinden sich, wie so oft bei Klosteranlagen, besondere Bäume. Neben einem jüngeren Tulpenbaum *(Liriodendron tulipifera)*, einem Christusdorn *(Gleditsia triacanthos)* und einem Riesenlebensbaum *(Thuja plicata)*, vermittelt ein über vierzig Meter hoher und 7 Meter (Stammumfang) mächtiger Riesen-Mammutbaum *(Sequoiadendron giganteum)* zwischen Himmel und Erde. Wie so oft auf meinen natur- und menschengeschichtlichen Reisen führte auch hier das eine zum anderen. Der bewunderungswürdige Mensch, Maria Stromberger, führte mich zu denkwürdigen Baummonumenten. Eigenartigerweise lenkten mich auch umgekehrt immer wieder besondere Bäume zu besonderen Menschen. Ist dies eine weitere Facette der abschnittsweise symbiotischen, uralten Beziehung zwischen Baum und Mensch?

Montafon: Wo die Bäume Kopf stehen

Aufbruch in den „Wilden Westen": Wiener Neustadt fünf Uhr früh mit dem REX nach Wien-Meidling, Abfahrt des Railjet um 5 Uhr 36. Pünktliche Ankunft in Bludenz um 11:29 Uhr. Umstieg zum Nachbarbahnsteig und mit der Montafoner Bahn weiter (Fahrplanintervall: 30 Minuten!) – Abfahrt: 11:36 Uhr. Ankunft, vier Stationen weiter, in Vandans. Hotelbezug und ab in die klare Ill die vor dem Haus fließt, zum erfrischenden Flussbaden. Es ist in den ersten vier „Baum-& Natur-Urlaubstagen" in Vorarlberg heißer als in Ostösterreich: 35° C (während der Hitzewelle im Juli 2023).

Hier lebt ein äußerst kreatives Völkchen namens ‚Gsiberger', die oft Originelles erschaffen. Ich denke dabei etwa an die inoffizielle Vorarlberger Landeshymne „Oho Vorarlberg" (1973), kongenial von Reinhard Bilgeri & Michael Köhlmeier vorgetragen. Auch in der wirklichen Wertschätzung, das heißt im praktizierten, bewussten Umgang mit ihrem einzigartigen Naturerbe, spielen die Westösterreicher manchmal eine Vorbildrolle. Es ist nämlich nicht selbstverständlich, dass Naturdenkmäler einen besonderen Schutz durch die Gemeinde bzw. das Land genießen – wenn etwa aufwändige Sicherungsmaßnahmen wie ein Baumschnitt, eine Kronensicherung durch Seilverspannung oder besondere Pflege bei Schädlingsbefall notwendig werden. Auch bei der sinnvollen und informativen Kennzeichnung der Baum-Naturdenkmäler herrscht in Österreich Nachdenkbedarf.

Verkehrte Welt – verkehrte Bäume: Ein nachdenklicher Wanderweg am Golm in Vorarlberg

Der Montafoner Künstler, Kurator, Dozent, Skilehrer und Wanderführer Roland Haas hat im Gauertal, vor der einprägsamen Felskulisse des Rätikons einen Themenwanderweg der besonderen Art geschaffen – die ‚Gauertaler AlpkulTour'. Die Idee, eines Themenwanderweges ist zwar nicht neu, aber ihn nicht mit erklärenden Schautafeln, sondern mit skulpturalen Elementen zu begleiten, fand er von Anfang an faszinierend. Sein Konzept bestand darin, mit den Objekten die Wanderer auf bestimmte Inhalte der Gauertaler AlpkulTour aufmerksam zu machen, zur Auseinandersetzung anzuregen und vielleicht auch ein wenig zu irritieren. Bis auf wenige Ausnahmen bildet heimisches Fichtenholz den Hauptbestandteil der Skulpturen. Dadurch, sowie durch die vorwiegende Verwendung von Rundholz, entsteht Kontinuität im Bezug auf das dominante Baumaterial in der alpinen Kulturlandschaft. Konkret stehen an elf von 13 ausgewählten Standorten Skulpturen. Jede Skulptur ist einem Schwerpunktthema mit Bezug zur Montafoner Alp- und Maisäßkultur* zugeordnet. Den gemütlichsten Einstieg in diesen anregenden naturerlebnisreichen Weg - im Juni durch Almrausch-, Orchideen- und Enzian-überschwemmte Wiesen und einem zauberhaften Blick auf das Wahrzeichen des Rätikons, die Drei Türme, nahm ich von der Bergstation der Golm-Seilbahn (1890 m) in Vandans.

**Maisäß = kleines Gut auf mittlerer Höhe ca. zwischen 1200 und 1800 Meter, das im Frühjahr und im Herbst bewirtschaftet wurde*

Kugel-Orchis
(Traunsteinera globosa)

Gelber Enzian
(Gentiana lutea)

Schwarzes Kohlröschen
(Nigritella nigra)

Rostblättrige Alpenrose
(Rhododendron ferrogineum)

Weltnaturerbe – Die Ultener Urlärchen, Südtirol und ein alter Riese in Osttirol

In St. Gertraud im Südtiroler Ultental haben auf 1425 Metern Seehöhe drei besondere Lärchen eine für Menschen unglaubliche Zeitspanne überlebt. Sie stehen am Rande eines Bannwaldes, der die Außerlahnhöfe vor Lawinen schützen soll. Mit „Lahn" werden in den Alpen Lawinen bezeichnet - man denke etwa an die „Lahning Ries" am niederösterreichischen Schneeberg. Nachdem 1930 eine der damals noch vorhandenen vier Lärchen umstürzte und über 2000 Jahresringe aufgewiesen haben soll, wurde dies auch für die anderen Bäume angenommen. Exakte dendrochronologische Untersuchungen sind infolge des verwitterten Stamminneren nicht durchführbar, sodass man auf Schätzungen angewiesen ist. Verschiedene Berechnungsverfahren ergaben 2004 für die verbliebenen drei Lärchen ein Alter von 850 Jahren. Sie gehören daher zu den ältesten Nadelbäumenn Europas. Ältere und noch dickere Lärchen findet man nur noch im Wallis (Schweiz) nahe Sion (Haute-Nendaz/Balavaud).

Die mit 8,34 Metern Stammumfang dickste Lärche hat zwar den Wipfel eingebüßt, dafür aber eine auffällige, knollenartige Wucherung. Obwohl nur mehr eine hohle Ruine, was Marder und Fledermäuse freut - „Fledermauslarch" nennen sie die Einheimischen – ergrünt auch der dritte, mit Stahlseilen gesicherte Baum alljährlich aufs Neue. Im Frühjahr stechen die roten weiblichen und gelben männlichen Blüten-Zapfen ins Auge. Ein kurzer Spazierweg führt von St. Gertraud aufwärts zu den drei Baumriesen.

Auch in Österreich gibt es sehr alte und mächtige Lärchen – eine davon wurzelt in der Osttiroler Gemeinde Matrei. Die „Rekord-Lärche" steht in rund 1350 m Höhe am Bergerweg zur Raneburger Alm. Sie ist mit einem Stammumfang von 7,50 bis 9 m, einer Höhe von 39 m und einem geschätzten Alter von 690 Jahren (+/- 300) das älteste lebende Naturdenkmal Osttirols. In seiner Masterarbeit über Naturdenkmäler in Osttirol (2021) bezeichnet Simon Legniti, den 2001 unter Schutz gestellten Baum, der von ihm vermessen und untersucht wurde, als eindrucksvollstes Naturdenkmal Osttirols. Leider ist der Vitalzustand des alten Riesen bereits sehr geschwächt – was bei dem Alter aber nicht verwundert.

Bilder oben: *Die Urlärchen von St. Gertraud im Ultental, Südtirol; alte Lärchen-Borke*

Bild rechts: *Die Knollenlärche, 2011*

Bilder Mitte: *Die dickste ‚Larch' mit Knolle; noch lebt die Lärchenruine, 2011; Lärchen Blüten-Zapfen*

Bild unten: *Vermessung der „Lärche am Bergerweg", Matrei-Osttirol (Foto: Simon Legniti, MSc)*

Im Wald der fallenden Wasser: Nationalpark ‚Plitvicer Seen', Kroatien

Im Herzen von Kroatien liegt ein lebendiger Schatz in Gestalt einer canyonartigen Wasser- und Waldlandschaft, die weltweit einzigartig ist. Seit 1949 als ältester Nationalpark in Südosteuropa geschützt, wurde das 298 Quadratkilometer große Karstgebiet im Dinarischen Gebirge 1979 als eines der ersten Naturdenkmäler der Welt in das UNESCO-Weltnaturerbe aufgenommen. Seine große Bekanntheit und Beliebtheit erlangten die Plitvicer Seen sicherlich durch die Karl-May-Verfilmungen von 1962-1968, wo sie als Lieblingsdrehort dem österreichischen Regisseur Harald Reinl (1908-1986) als grandiose Naturkulisse dienten. Der wahre „Schatz vom Silbersee" ist jedoch die Arten- und Formenvielfalt seiner besonderen Flora und Fauna, wie die Stimmungsvielfalt seiner plätschernden Bäche und donnernden Katarakte.

Eine acht Kilometer lange Wassertreppe von 16 kristallklaren, blaugrünen Seen hat sich seit Ende der Eiszeit durch Sterben und Werden von Gestein und Vegetation, durch Verwitterung oder Auflösung des Rauhwacken-Kalkes und der nachfolgenden Ablagerung oder Sedimentation des losgelösten Kalziums, gebildet. Am Grund der Seen, auf Moosen, Algen und anderen Pflanzen – auch Bäumen, die unter Wasser gelangten – lagerte sich Kalziumcarbonat ab und verfestigte sich zu Kalktuff und Travertin, dem Baumaterial der Seebarrieren. Radiocarbon-Bestimmungen (C-14) bestätigten das nacheiszeitliche Alter des Travertins an dieser überdimensionalen bio-dynamischen Baustelle. Der Höhenunterschied zwischen dem obersten See und der Korana, dem nördlichen Abfluss, beträgt 156 Meter.

„Blätter-Symphonie" & „Stillste Zeit im Wasserwald" - einsame, unvergessliche Wanderungen in einer Wasser-Baum-Märchenwelt...

Eine weitere ökologische Besonderheit ist Čorkova uvala, ein 79,50 Hektar großes Urwaldgebiet im Nordwesten des Nationalparks. Bis zu 700 Jahre alte Buchen und Tannen prägen diesen, abseits der Touristenpfade liegenden Primärwald als Rückzugsgebiet für Bären, Wölfe, Luchs und Wildkatze. 1888, anlässlich des Besuches von Kronprinzessin Stephanie von Belgien, der Gattin von Kronprinz Rudolf, wurden die bisher schwer zugänglichen Plitvicer Seen erstmals in touristischem Sinn erschlossen und erste Stege gebaut. Zwei Wege an den Seen tragen heute noch die Namen der Töchter Kaiser Franz Josephs: „Stefanijin put" (Stefanies Weg) und „Dorotejin put" (Dorotheas Weg. Ein Jahrhundert später entgingen die zur Touristenattraktion gewordenen Plitvicer Seen nur mit großem Glück der gewaltsamen, militärischen Vernichtung. Nachdem Kroatien seine Selbständigkeit erklärt hatte kam es zu Ostern 1991 inmitten des Nationalparks zu blutigen Auseinandersetzungen zwischen Spezialeinheiten der kroatischen Polizei und serbischen Aufständischen. Dabei wurden zwei Menschen getötet, jeweils eine Person auf beiden Seiten.

Diese Eskalation erhöhte die Spannungen zwischen Krajina-Serben und Kroaten und führte letztlich zum Ausbruch des Kroatienkrieges (1991-1995). Neben dem großen menschlichen Leid, das dieser Krieg hervorrief, bestand die Gefahr der angedrohten Sprengung und Zerstörung der Wasserfälle, die vermint waren. Es wäre das Ende des großartigen Naturjuwels gewesen...

Blick aus der Film-Schatzhöhle
auf den ‚Silbersee'
(Kaluderovac)

Wasserfall-Canyon bei den höchsten Kaskaden vor dem Veliki Slap, 1984.

„Frühlingserwachen im Welt-Naturerbe“:
Der farblose, kalte Winter hat im April seine Macht verloren. Bunte Blütenschätze erscheinen in großer Zahl in den Wäldern um den „Silbersee“ (Kaluderovac) und seine Film-Schatzhöhle.

Die größte Künstlerin der Erde, die Natur, hat ihren Pinsel ausgepackt und mit Unterstützung von Licht, Luft und Wasser eine märchenhafte Zauberwelt geschaffen, die zu durchwandern ein unvergessliches Glücksgefühl erzeugt und hinterlässt. Mit Erfolg weichen die scheuen Bären, Wölfe, Luchse und Wildkatzen, die in dem urtümlichen Karst-Buchenwald leben, dem „Homo touristicus“, der zeitweise in Massen auftritt, aus. Will man die Stille und Erhabenheit dieses Wasserwald-Eldorados und seinen Arten-Reichtum genießen, empfehlen sich der Vorfrühling, Spätherbst und Winter.

Baum-Impressionen aus dem Karstwald der Kvarner Inseln Cres und Krk (Blumen-Eschen, Flaum- und Trauben-Eichen)

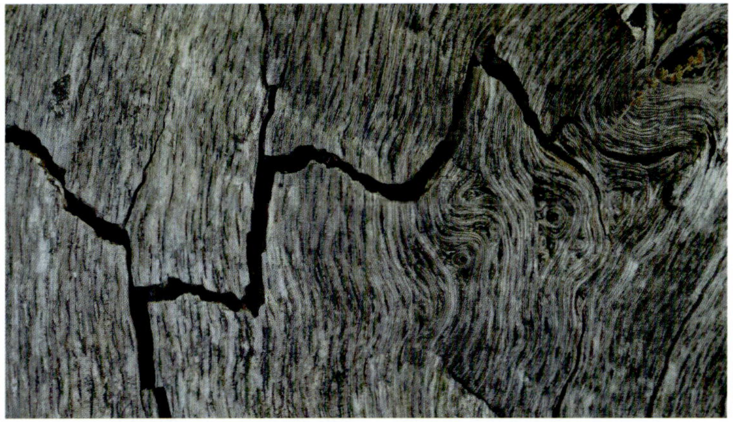

Blick auf die Inselwelt,
links Rab, rechts Baška auf Krk
vom Zavičan, 1500m

Am Premučić-Weg, NP Nördl. Velebit

Karstbuchen im südl. Velebit

Traumbaum-Landschaften und Naturjuwelen im Karst - von Slowenien und Kroatien bis Montenegro

Als geomorphologischer Begriff ist ‚Karst' die typische ober- und unterirdische Geländeform, die uns um das Mittelmeer begleitet und deren speziellen Reiz erzeugt. Als Vorgang versteht man darunter eine Verwitterungserscheinung, die durch die Lösungskraft von kohlensäurehältigen Wässern das Antlitz von Karbonatgestein – im Wesentlichen Kalk und Dolomit – prägt. Charakteristisch ergibt sich daraus ein überwiegend unterirdischer Wasserhaushalt. Namensgebend für das geologische Phänomen der Karst-Landschaft (die Typlokalität) ist ein Gebiet in Slowenien, das zwischen Ljubljana und Triest liegt und mit dem Zirknitzer See nicht nur den größten Karstsee (Sickersee) der Erde beinhaltet, sondern auch die zwei berühmten Tropfsteinhöhlen von Postojna (Adelsberger Grotte) und St. Kanzian. In diesem Gebiet wurde das Phänomen im 19. Jahrhundert durch Wissenschafter der Habsburgermonarchie erstmals erforscht und die Ergebnisse in deutscher Sprache publiziert. Der international verwendete deutsche Name war geboren und mit ihm die Erinnerung an die vielfältigen Verwitterungs-, Erosions- und Absatzformen wie: Karren, Dolinen, Poljen, Tropfsteinhöhlen und Karstquellen – um nur die bekanntesten zu nennen. Mit ‚Karst' verbinden wir aber auch eine typische, an die besonderen Lebensbedingungen angepasste Flora und Fauna.

Velebit-Degenia

Purpur-Orchis

Premučić-Weg

Dichter-Narzisse

Dingel-Orchidee

Prachtkiel-Eidechse

Grottenolm

Križna Jama

Der schönste Höhenweg im Velebit,
der Premučić Weg

Zwei Eichen-Riesen auf Krk

Vom stillen Örtchen Poljica, an der Südwestküste der größten kroatischen Insel (nach neueren Messungen angeblich exakt gleich groß wie die Nachbarinsel Cres: 405,78 km^2) führen einsame Wanderwege durch einen submediterranen Laubwald zu diesem sehenswerten Koloss, dessen Alter auf 400 Jahre geschätzt wird. Die Traubeneiche (*Quercus petraea*) oberhalb der Bucht Čavlena beeindruckt mit ihrer 30 Meter ausladenden Krone und einem 5,4 Meter umfassenden Stamm. Zu den gewaltigen Dimensionen des Baumes passen auch jene seiner Bewohner aus dem Insektenreich, des Hirschkäfers und des Großen Eichenbocks. Beide leben als Larve im und vom Holz alter Eichen, von denen es noch einige wenige Exemplare auf Krk gibt. Keine andere Baumgattung wie die Eiche beherbergt so viele Insektenarten. Allein 1377 Käferarten leben als Larve oder Käfer im Totholz alter Eichen.

Nach Erzählungen von Einheimischen soll sich in der Nähe ein noch größerer Baum befunden haben, der am Tag, als der Erste Weltkrieg begann, vom Blitz getroffen wurde. Manch alter Baumriese ist sogar auf touristischen Wanderkarten eingezeichnet, wie eine zweite mächtige Eiche , die der typisch submediterranen Art *Quercus pubescens* (Flaum-Eiche) angehört. Sie hat einen Stammumfang von 4 Metern 30. Man erreicht sie nach etwa vierzig Minuten auf einem, an Orchideen reichen Wanderweg, der nordwestlich von Baska an der Straße knapp vor dem Treskavac-Pass (300 m) nach Norden führt.

Hirschkäfer

Großer Eichenbock

Flaum-Eiche

Hummel-Ragwurz

Pyramiden-Orchis

Flaum-Eichen-ND auf Krk

Bienen-Ragwurz

Solitäre Flaum-Eiche mit Blick zum ‚Nugget tsil', dem Film-Goldberg der Appachen (Mali Alan 1044m, Velebit Süd)

Aufwärts über die alte K&K Kriegsstraße zum Mali Alan – gesäumt vom feurig rotgoldenen Karstwald

Karstsäule am Mali Alan „Finger-Winnetous“ (Südvelebit)

Karl May entkommt man nicht als Baum- und Filmtourist

Wer, außer eingefleischte Karl May Film- und Drehorte-Fans, weiß schon in welchem der 16 klassischen Kinofilme der Neunzehnsechziger Jahre, der folgende Satz gesprochen wird? *„Schon beim nächsten Baum werdet ihr nicht mehr wissen, wie es weitergeht!“* Und doch wurde „Der Schatz im Silbersee“ 1962, durch millionenfachen Besuch im – damals hieß es mancherorts noch ‚Lichtspieltheater‘ – zum erfolgreichsten Film des deutschen Nachkriegskinos. Der Erfolg hält bis heute an, wenn man aufmerksam die TV-Programme studiert und das Ergebnis der „Wokeness-Diskussion“ zu Fragen von Kultur und „Rasse“ verfolgt. Aber das ist ein anderer Schauplatz – Bäume stehen dem sowieso gelassener gegenüber. Den Baum aus dem berühmten Film gibt es wahrscheinlich nicht mehr, oder doch? Ich habe jedenfalls im Bereich des ehemaligen Drehortes eine alte Flaum-Eiche (*Quercus pubescens*) gefunden, die es sein könnte (siehe Foto links).

Wir befinden uns in einer der schönsten kroatischen Karst-Natur- und Baumlandschaften. Sie liegt im Velebit-Gebirge, das sich entlang der Adriaküste vom Vratnik-Pass oberhalb von Senj bis zu den Ufern des Flusses Zrmanja östlich von Zadar erstreckt. Mit 145 Kilometer Länge ist es das längste Massiv der Dinariden und von der UNESCO zum Welt-Biosphärenreservat erklärt worden. Für die Kroaten hat der Velebit eine ähnliche Bedeutung wie der Olymp für die Griechen oder der Fuji für die Japaner.

Aztekenpyramiden-Hügel und Zürgelbaum
in Tuzi südlich Podgorica (Čemovsko polje)

Als Kind war ich zweimal in den Sommerferien an der kroatischen, damals noch jugoslawischen, Adria zwischen Split und Trogir, doch hatte ich kein genaues Wissen, wo die geliebten Winnetou-Filme gedreht wurden. Erst kurz vor und nach der Pensionierung hatte ich die Gelegenheit fast jährlich in mein Land der Kindheits-Filmträume zu reisen und besonders die faszinierende Hydro-Geologie des Karstes, mit seinen bizarren Höhlen, sowie die artenreiche Flora und Fauna (mit vielen Endemiten) genauer unter die Linsen zu nehmen.

Der Zürgelbaum und die „Azteken-Pyramide“

Früchte und Blätter des Zürgelbaums

„Schwarze Linde“ (kroat. Crna Lipa), wegen der lindenähnlichen Nussfrüchte, wird diese extrem widerstandsfähige Hartholz-Baumart von Kroatien bis Montenegro genannt. *Celtis australis* wird auch in Österreich immer häufiger wegen seiner großen Resistenz gegenüber Trockenheit und Schadstoffen als Straßen- und Parkbaum gepflanzt. Ein mächtiges Exemplar steht vor einer berühmten Filmkulisse. Südlich von Podgorica, der Hauptstadt Montenegros, baute der österreichische Filmarchitekt Otto Pischinger 1964 die wohl einfallsreichste Filmdekoration in einem Karl May-Film. In der Doppelproduktion „Der Schatz der Azteken“ & „Die Pyramide des Sonnengottes“ verwandelte er einen unspektakulären und unsymmetrischen Hügel durch Spezialbauten, einen Sockel, einer Treppe und einer raffinierten Kameraführung in die perfekte Illusion einer Azteken-Pyramide.

In den Schluchten des Balkan

Im naturbelassenen Tal der Morača, unterhalb des gleichnamigen Klosters und UNESCO-Weltkulturerbes in Montenegro, stockt am Flussufer ein geheimnisvoll verträumter Nebelwald. Seine Bäume sind dicht mit Moosen, Farnen und Flechten behangen, von denen es kräftig tropft. Über eine heute noch vorhandene, aber baufällige, alte Brücke aus Stein und Holz, die sich unterhalb des Klosters befindet, wurde Marie Versini (1940-2021, „Tschita“ & „N‘schotschi“) in einem waghalsigen Ritt von den Schergen des „Schut“ (1966) entführt (siehe nächste Seite).

Filmdrehort an der urwaldähnlichen Morača („Der Schut", 1966)

Kloster Morača

Bemooste Bäume an der Morača

Gespiegeltes Baumgemälde am Skutari-See

Weiden am Skutari-See bei Karuč

Solitäre Weiden bei Virpazar

Traumbäume und Filmträume am Skutari-See (Skadarsko Jezero)

Weiden dominieren die Uferbereiche des größten Sees der Balkanhalbinsel. Montenegro und Albanien teilen sich das 48 km lange und 14 km breite Gewässer, dessen größerer, montenegrinischer Anteil seit 1983 als Nationalpark geschützt ist. In den 1960er-Jahren war er beliebter Drehort von Karl May-Filmen, wie „Der Schut" und „Der Schatz der Azteken". Marco Polo, dargestellt von Horst Buchholz, suchte hier 1965 in einem starbesetzten Historienabenteuer den Weg zu „Kublai Khan" (Anthony Quinn).

Die Schlangenhaut-Föhren vom Orjen

Der Orjen, ist ein bis 1894 Meter hohes (Zubački kabao), stark verkarstetes dinarisches Gebirgsmassiv mit ausgeprägten pleistozänen Glazialspuren im Westen Montenegros. Geologisch, klimatologisch und biologisch wartet er mit einigen Besonderheiten auf. Unmittelbar über dem tiefen Einschnitt der Bucht von Kotor liegend befindet sich hier die strukturgeografische Nahtstelle an der die Adriatische Platte unter die Eurasische abtaucht (subduziert). Plattenverschiebungen sind zwangsläufig mit Erdbeben verbunden und diese erhöhte seismische Aktivität ist auch an der vor der Küste liegenden Montenegrinischen Störung zu spüren, an der höchste Erdbeben-Intensitäten vorkommen. Katastrophen-Erdbeben sind von 1556, 1666 und 1979 (7,1 auf der Richterskala) verzeichnet.

Klimatologisch liegt im Orjen das regenreichste Gebiet Europas (!) und eine der regenreichsten Regionen der nördlichen Hemisphäre außerhalb der monsunalen Tropen. Jahresniederschläge erreichen Extremwerte von über 9000 mm (2010). Niederschlagsmittelwerte von über 5000 mm jährlich sind eher für tropische Regenwaldregionen oder dem vom Monsun geprägten Ost-Himalaya typisch, als für den sommertrockenen mediterranen Raum. Durch den menschengemachten globalen Temperaturanstieg und das wärmer gewordene Mittelmeer werden im klimatologischen Observatorium Crkvice, das seit 1887 besteht, zwar weniger Niederschlagstage und längere Trockenperioden als vor dem Klimawandel beobachtet, die Jahressummen haben aber mit den stärker gewordenen Niederschlagsereignissen mit höheren Intensitäten zu keiner Abnahme der jährlichen Mittelwerte geführt. Trotz der orografischen Verstärkung der Niederschlagsintensitäten besitzt das Gebiet keine größeren Fließgewässer oder permanent schüttende Quellen, alle Abflüsse erfolgen durch eine unterirdische Karstentwässerung; die Ombla bei Dubrovnik ist hierdurch auch zu zu den am stärksten schüttenden Karstquellen der Erde zu rechnen.

Auf Basis der hohen Niederschlagssummen und der für ein Mittelmeergebirge relativ langen Schneedeckendauer konnten im Gebirge bis heute eiszeitliche Relikte der arktischen Tundrenflora und arkto-alpinen und alpinen Fauna überleben, die erst in den letzten Jahren detektiert wurden (z.B.Alpen-Salamander, 2020). Der Orjen ist für zahlreiche seltene und endemische Pflanzen- und Tierarten eine Zufluchtstätte, sodass seit 2017 der montenegrinische Teil, seit 2019 der bosnische als Naturpark ausgewiesen sind. Die endemische Vegetation in Gestalt eines Dinarischen Karst-Blockhalden-Tannenwaldes und des Schlangenhaut-Kiefern-Felswaldes sind beachtenswerte Elemente des geschützten Naturraums. Die Schlangenhaut-Kiefer (Panzerkiefer, Lorica-Kiefer, ***Pinus heldreichii***) kommt in einigen Gebirgen des Balkan und in Süditalien

Im regenreichsten Gebirge Europas! Am Orjen bei Vrbanje, 1000 m mit endemischer Botanik (Schlangenhaut-Föhren u.a.). Filmdrehort inklusive („Der Schatz der Azteken“, 1965)

Zweige & Zapfen

Borke

vor. In warmen, vor Schnee und Wind geschützten Lagen findet man die besten Bestände der Kiefer, zusammen mit der Rotbuche, Esche und Zitter-Pappel (Espe). An Felswänden und windexponierten Graten dominiert diese Art unbestritten. In der mediterranen Hochgebirgszone (ab 2000 Meter) ist sie die vorherrschende Baumart und bildet die Baumgrenze.

Auffallend sind die anfangs veilchenfarbigen jungen Zapfen, die sich erst zur Reife hin gelblichbraun färben und die weißlichgraue Borke (Synon.: Pinus leucodermis). Wer diese besondere Föhren-Art sehen will, muss nicht unbedingt nach Montenegro oder Süditalien reisen. Es gibt sie auch in Wien zu bestaunen – z.B. im Türkenschanz-Park.

„Wie man den Krieg führt, das weiß jedermann.
Wie man den Frieden führt, das weiß kein Mensch.
Eure stehenden Heere kosten jährlich viele Milliarden.
Wo habt ihr die stehenden Heere für den Frieden,
die keinen Para kosten, sondern Milliarden einbringen würden?“
(Karl May, Ardistan und Dschinnistan, 1909)

Felsenkloster Ostrog

Gesundheit und Schönheit, Mythen und Religion, Macht und Symbolik haben einen Namen: *Punica granatum* – Granatapfel

Der sommergrüne, kleine Baum aus dem Iran, Afghanistan und Nordindien wird seit Jahrtausenden im Mittelmeergebiet kultiviert und eroberte sich durch seine vielseitige Verwendung die Anerkennung alter Kulturen wie auch der modernen Wissenschaft. Sein Gattungsname Punica geht auf die römische Bezeichnung für die Phönizier (Punier) zurück. Der lateinische Artname granatum (latein. Granum, „Korn", „Kern", „Samen") passt zu den vielen hundert Samen in den auffälligen Scheinfrüchten. Botanisch handelt es sich dabei um den Grenzfall einer ledrigen Beere. Scheinfrucht deshalb, weil sie nicht ausschließlich vom Fruchtknoten gebildet wird, sondern auch aus den Kelchblättern und dem Blütenboden. Funde konservierter Reste der Frucht und des Holzes aus der Bronzezeit sind von einigen Ländern rund um das Mittelmeer bekannt. Aus ägyptischen Gräbern zur Zeit Ramses IV., um 1150 v. Chr. sind Samen als Beigaben bekannt.

Traditionell lieferten die Fruchtschalen den Farbstoff für Orientteppiche und andere Wollwaren. Sogar tiefblaue Farbtöne erzielt man aus einem Wurzelextrakt und einer Eisenbeize. Der unvergorene Natursaft (Grenadine) verleiht dem ‚Tequila Sunrise' und anderen Cocktails den fruchtigen Geschmack und die rote Färbung. In allen Teilen des Baumes, nicht nur in der Frucht selbst, befinden sich größere Mengen bioaktiver Substanzen mit stark entzündungshemmender und antioxidativer Wirkung. Diese als Polyphenole, Flavonoide, Anthocyane und Gallotannine bekannten sekundären Pflanzenstoffe, stehen wegen ihrer möglichen therapeutischen Bedeutung bei Herz-Kreislauferkrankungen, Arthritis, Diabetes, Leukämie und Prostatakarzinom im Fokus wissenschaftlichen Interesses und vielversprechender, aber noch nicht endgültig abgeschlossener medizinischer Studien. Historisch integriert ist der Granatapfel in der griechischen Mythologie, etwa im berühmten „Urteil des Paris“, der von Zeus als Richter im Streit einer sagenhaften Schönheitskonkurrenz bestimmt war. Werfer des „Zankapfels“ für „die Schönste“ unter den drei feiernden Göttinen des Olymp war die beleidigte Eris, „Göttin der Zwietracht“. Um Paris, den verstoßenen Sohn des trojanischen Königs Priamos zu gewinnen, versuchte es jede der drei mit Bestechung. Hera verspricht ihm die Herrschaft der Welt, Athene verspricht die Weisheit, Aphrodite bietet ihm die Liebe der schönsten Frau der Welt – damit kann sie das Urteil für sich entscheiden. Der Granatapfel findet im Tanach (Hebräische Bibel) und im Alten Testament, wie auch im Koran mehrfach Erwähnung. Einem jüdischen Mythos zufolge soll der (perfekte) Granatapfel 613 Kerne enthalten, also genau so viele wie Gebote der Hebräischen Bibel (Tora, fünf Bücher Moses). Bei Grabungen am biblischen Ort Silo im heutigen Westjordanland (wo sich drei Jahrhunderte lang die sagenumwobene ‚Bundeslade‘ befunden haben soll), fand man vor einigen Jahren einen kleinen Granatapfel aus Ton. Derartige Schmuckstücke zierten laut Bibel die Säume der Priestergewänder.

In der Symbolik steht der Granatapfel für Leben und Fruchtbarkeit („Baum des Lebens“), aber auch für Macht (Reichsapfel), Blut und Tod. Als Symbol der christlichen Glaubensgemeinschaft und des Priesterstandes findet man ihn als Motiv in zahlreichen mittelalterlichen Tafelgemälden, z.B. in Sandro Botticellis ‚Madonna mit dem Granatapfel‘, 1487. Der Orden der Barmherzigen Brüder hat als Emblem einen Granatapfel mit Kreuz. Der Orden wurde in der spanischen Stadt Granada gegründet, die den Granatapfel im Wappen führt. Auch das spanische Staatswappen trägt ihn. Als zweideutiger Namengeber für die Granate in Gestalt einer Explosionswaffe und einer meist rot gefärbten Mineralgruppe landete er in unserem Allgemeinwissen.

Stadtwappen von Granada

BARMHERZIGE BRÜDER
ÖSTERREICH

Logo der Barmherzigen Brüder mit stilisierter Granatapfelblüte

Der uralte Olivenbaum von Bar, Montenegro ***Blüten*** ***Rinde*** ***Früchte***

2000 Jahre Baumgeschichte: Die Olivenbäume von Bar (Montenegro) und Kaštel Štafilić (Kroatien)

Der immergrüne Olivenbaum (*Olea europaea*, Echter Ölbaum) ist ein mittelgroßer, knorriger Baum, der seit dem 4. Jahrtausend v. Chr. als Nutzpflanze kultiviert wird. Die vielfältigen Anwendungen seines Öls und der sekundären Pflanzenstoffe in den Blättern machen ihn zu DEM mediterranen Heilbaum. Unter den vielen unbekannten uralten Olivenbäumen im ehemaligen Jugoslawien sind zwei rekordverdächtige Individuen einen Besuch wert. Ein Zertifikat der Universität Istanbul (Wood Anatomy and Tree-Ring Research Laboratory) von 2015 stellt dem Exemplar im montenegrinischen Bar ein Alter von 2240 Jahren aus. Dieser Methusalem überstand eine für die Bevölkerung folgenschwere Naturkatastrophe. Am Ostersonntag den 15. April 1979 wurde Bar und die Küstenregion von einem schweren Erdbeben der Stärke 7,1 getroffen. Mindestens 135 Menschen verloren damals ihr Leben.

Ein anderer Rekord-Olivenbaum wurzelt mit seinen Wurzel-Sprösslingen im kroatischen Kastel Stafilic, südlich von Trogir. Er dürfte ein ähnliches Alter wie sein montenegrinischer Verwandter aufweisen. Beide Bäume sind als national bedeutsame Naturdenkmäler besonders gekennzeichnet. Um den Baum in Bar wurde sogar ein kleines Park-Areal mit Eingangshäuschen errichtet. Um einen kleinen Betrag kann man den gepflegten Park betreten und ganz nahe zu dem alten mehrstämmig

Der alte Baum mit seinem Ableger-Stamm, Kaštel Štafilić

Zwei vergängliche Olivenbaum-Traumwesen (Krk)

Bertolonis Ragwurz (Ophrys bertolonii)

gewordenen Baum und seinem tierischen Mitbewohner, der ebenfalls uralt werden kann – einer Griechischen Landschildkröte - gehen. Die Betrachtung ist aber auch gratis aus zwanzig Meter Entfernung vom Gehsteig und Zaun möglich.

Mit Licht, Stärkung und Reinigung verbunden, wird der Olivenbaum im Judentum, Christentum und Islam verehrt. Seit eine Taube, die im Alten Testament Noah einen Olivenzweig auf die Arche bringt, um anzuzeigen, dass die Sintflut und der Zorn Gottes vorüber sind, steht der Olivenzweig für Frieden. *„Leider“* – schreibt Jonathan Drori – *„ist der aber in einer Region, in der Juden, Muslime und Christen, Araber, Israelis und Palästinenser zusammenleben, ständig bedroht. Wie lassen sich diese Nachbarn und Mitbürger nur überzeugen, dass es, um ihrer Kinder willen, eine friedliche Koexistenz geben muss, die Bestand hat und alle zufriedenstellt – egal, was in der Vergangenheit einmal richtig oder falsch war? Der tolerante Olivenbaum und das mit ihm verbundene, gemeinsame kulturelle Erbe könnte vielleicht diejenigen inspirieren, die die Wogen glätten wollen.“*

Für Freunde der Orchideen stellen alte Olivenhaine am Mittelmeer ein klassisches „Foto-Jagdgebiet“ dar. Als kleiner „Augenschmaus“ möge Bertolonis Ragwurz, die ich im Mai auf der Insel Losinj entdeckt habe, stehen. Die arten- und formenreiche Familie der Orchideen (etwa 30.000 Arten weltweit – Europa: ca. 350 Arten, Österreich etwa 80 Arten) liebt ungestörte Biotope, die leider durch intensive Landverwendung und Düngung nicht nur in Österreich und im mediterranen Gebiet, immer seltener werden. Eine sensible Pilz-Symbiose (Mykorrhiza) ermöglicht den meisten Arten das Überleben, genauso wie auch viele Baumarten auf diese pilzliche Ernährungshilfe angewiesen sind. Als Naturdenkmäler werden mancherorts deshalb auch Orchideen-Biotope, wie Feucht- und Trockenwiesen, sowie Wald-Relikte, geschützt.

Antennen zum Himmel .
Zypressen bei Podgorica (Montenegro)

Birkenau: Die letzten lebenden Zeugen - Bäume als Hoffnung

„Es gab auf dem Hof kein Gras, keine Blumen oder Bäume. Nur um den Zaun waren Bäume.“
(Josef Sackar, Sonderkommando, KZ Birkenau/Auschwitz, Polen)

Auf meiner Reise durch die europäische Geschichte von Baum und Mensch musste ich auch an diesen Ort. Es ist ein Alptraumwald der Menschheit! Wer ihn durchschreitet, im Wissen und der Vorstellung was hier geschah, ist danach nicht mehr wer er vorher war.

Nicht vorhandene Bäume und das Buchmanuskript im KZ

„Da versuche ich einen der alten Häftlinge ins Vertrauen zu ziehen. Ich pirsche mich an ihn heran, weise auf eine Papierrolle in der Brusttasche meines Mantels und sage: ‚Du, pass auf! Hier habe ich ein wissenschaftliches Buchmanuskript bei mir – ich weiß, was du sagen wirst – ich weiß; mit dem Leben davonkommen, das nackte Leben hinwegretten, ist alles, ist schon das Äußerste, was man vom Schicksal erbitten darf. Aber ich kann mir nicht helfen, ich bin eben so größenwahnsinnig und will mehr. Ich will dieses Manuskript behalten, irgendwie erhalten – es enthält mein Lebenswerk; verstehst du mich?'

Da beginnt er zu verstehen, jawohl: zu grinsen beginnt er übers ganze Gesicht, erst mehr mitleidig, dann mehr belustigt, spöttisch, höhnisch, bis er mit einer Grimasse mich anbrüllt und meine Frage mit einem einzigen Wort, das er herausbrüllt, quittiert, mit jenem Wort, das als das Wort im Sprachschatz des Lagerhäftlings seither immer wieder zu hören war. Er brüllt: >>Scheiße!!<< Da weiß ich, wie die Dinge stehen. Ich mache das, was den Höhepunkt dieser ganzen ersten Phase psychologischer Reaktionen darstellt: ich mache einen Strich unter mein ganzes bisheriges Leben."

Viktor E. Frankl, „...trotzdem Ja zum Leben sagen. Ein Psychologe erlebt das Konzentrationslager", dtv, 29. Aufl. Juni 2008 (1977, Kösel Verl., München). Das im Mantel eingenähte Manuskript war Frankls erstes Buch: „Ärztliche Seelsorge". Dank einer in Wien verbliebenen Abschrift ging es nicht verloren.

Skelettproduktion

Ein Baum als letzte Hoffnung im KZ

(…) „ - wie etwa die Geschichte vom Sterben einer jungen Frau im Konzentrationslager, deren Zeuge ich war. Die Geschichte ist schlicht – es gibt da nicht viel zu erzählen – und trotzdem wird sie wie erfunden klingen, so dichterisch erscheint sie mir. Diese junge Frau wusste, dass sie in den nächsten Tagen werde sterben müssen. Als ich mit ihr sprach, war sie trotzdem heiter. „Ich bin meinem Schicksal dankbar dafür, dass es mich so hart getroffen hat“, sagte sie zu mir wörtlich; „denn in meinem früheren, bürgerlichen Leben war ich zu verwöhnt und mit meinen geistigen Ambitionen war es mir wohl nicht ganz ernst.“

In ihren letzten Tagen war sie ganz verinnerlicht. „Dieser Baum da ist mein einziger Freund in meinen Einsamkeiten“, meinte sie und wies durchs Fenster der Baracke. Draußen stand ein Kastanienbaum gerade in Blüte, und wenn man sich zur Pritsche der Kranken hinabneigte, konnte man, durch das kleine Fenster der Revierbaracke, eben noch einen grünenden Zweig mit zwei Blütenkerzen wahrnehmen. „Mit diesem Baum spreche ich öfters“, sagte sie dann. Da werde ich stutzig und weiß nicht, wie ich ihre Worte zu deuten habe. Sollte sie delirant sein und zeitweise halluzinieren?

Darum frage ich neugierig, ob der Baum ihr vielleicht auch antworte – ja? - und was er ihr da sage.
Darauf gibt sie mir zur Antwort: „Er hat mir gesagt: Ich bin da – ich – bin – da – ich bin das Leben, das ewige Leben...“

Viktor E. Frankl, „...trotzdem Ja zum Leben sagen. Ein Psychologe erlebt das Konzentrationslager“,
dtv, 29. Aufl. Juni 2008 (1977, Kösel Verl., München). Das im Mantel eingenähte Manuskript war Frankls erstes Buch: „Ärztliche Seelsorge“. Dank einer in Wien verbliebenen Abschrift ging es nicht verloren

Die Trauerweide von Mauthausen: Fußball im KZ

Ihr Name ist die Entsprechung ihrer Gestalt - ihr Standort und seine Geschichte machen einen sprachlos. Der wunderschöne monumentale Baum ist ein künstlicher Hybride zwischen der Silber-Weide (*Salix alba*) und der Echten Trauerweide (*Salix babylonica*) mit dem wissenschaftlichen Namen Salix x sepulcralis, was ‚Grab' bedeutet. Er steht gleich einem Wächter über ein Massengrab direkt unter den Mauern des ehemaligen KZ Mauthausen (1939-1945) in einer flachen, grünen Wiesenmulde. Die Basis ihres außergewöhnlich dicken Stammes, den ich mit meinen Armen dreimal umspannen konnte – was 3 x 1,80 m oder fast fünfeinhalb Meter entspricht – hat einen grauen Gedenkstein teilweise umwachsen. Auf einer davor aufgestellten Granittafel ist folgendes zu lesen: ***„Hier wurden Tausende Häftlinge, die nach der Befreiung des KZ Mauthausen an den Folgen der Haft gestorben sind beerdigt."***

Von den rund 200.000 Menschen die im KZ Mauthausen und seinen 49 Außenlagern gefangengehalten wurden, starb praktisch jeder Zweite. Nach der Befreiung des KZ durch die US Army am 6. Mai 1945 legten die Befreier am Sportplatz ein Massengrab für die Unglückseligen, die es nicht geschafft haben die unvorstellbaren Qualen zu überleben, an. Allein das Begraben war ein deutlicher Kulturbruch zur Nazizeit, wo die Ermordeten des KZ ohne Gedenken fabrikmäßig in den Krematorien verbrannt wurden Die Vorgeschichte dieses Massengrabes birgt noch ein weiteres, kaum vorstellbares Faktum. Hier, in unmittelbarer Nähe zum einstigen ‚Russenlager' befand sich auch der Fußballplatz der rund 600 Mann starken SS-Wachmannschaft des KZ. Ab 1942 wurden die Mannschaften aus den SS-Totenkopfverbänden durch SS-Männer aus den deutschsprachigen Volksgruppen in Rumänien, Ungarn und Jugoslawien ergänzt und ab 1944 wurden Wehrmachtssoldaten eingesetzt, berichtet

KZ, Fußball, Friedhof – und ein Erinnerungsbaum am ehemaligen Russenlager (Steintafel)

der Historiker Bertrand Perz. Sie versahen ihren von Gewaltausübung und Morden geprägten Arbeitsalltag und entspannten sich anschließend. Die Lager-SS nahm an Skimeisterschaften in Hinterstoder teil und spielte hier vor den Mauern des KZ Fußball.

Ab dem Herbst 1943 trat hier eine Fußballmannschaft als SS-Mannschaft (Spielgemeinschaft Mauthausen) zu offiziellen Spielen an, wie Walter Kohl recherchierte. Er fand im Zeitraum von 1943 bis 1945 nur eine Niederlage dieser SS-Fußballmannschaft. In der kriegsbedingt im Frühjahr 1945 abgebrochenen Saison 1944/45 waren sie Herbstmeister der damaligen Landesklasse Oberdonau, der höchsten Spielklasse Oberösterreichs. Ihre Spiele waren öffentlich zugänglich. Leute aus dem Ort Mauthausen kamen hierher herauf, um Fußball zu schauen. Nebenan starben die Menschen und rauchte der Schornstein des Krematoriums. Am Sonntag Nachmittag, wenn die Spiele stattfanden, wurden keine Leichen verbrannt, um zu verhindern, dass der Rauch und Gestank beim Fußballspiel spürbar geworden wäre... Am 20. Dezember 1943 bekamen alle KZ einen geheimen Erlass des SS-Wirtschafts-Verwaltungshauptamtes. Ziel des Erlasses war, die Sterblichkeit der Lagerinsassen zu senken. Auf Anweisung von SS-Reichsführer Himmler sollte organisierter Sport dafür eingesetzt werden, die Arbeitsfähigkeit der Häftlinge zu erhöhen. So kam es, dass einige von ihnen u.a. Fußball spielen durften – sogar im Vernichtungslager Auschwitz und in anderen großen KZ, darunter auch in Mauthausen.
Als Ausdruck des Überlebenswillens und Mittel der Ablenkung war Fußballspielen auch für die Gefangenen in der Ausnahmesituation KZ Teil des Lebens – wenn auch nur in sehr eingeschränktem und von der körperlichen Verfassung abhängigem Maß. Als absolute Ausnahme wurde innerhalb des KZ Mauthausen von privilegierten Häftlingen (ausgenommen waren Juden und sowjetische Kriegsgefangene) ab Sommer 1943 sonntags Fußball gespielt. Sie spielten aber selbstverständlich nicht am schönen Sportplatz im Freien, sondern innerhalb der Mauern und des elektrischen Stacheldrahts. Im Schatten der Maschinengewehre der SS auf den Türmen. *Quelle: brucki.blogspot.com (Ehemaliger SS-Sportplatz, KZ Mauthausen, 24.5.2014)*

Erholung am Friedhof?

Ja! Am Wiener Zentralfriedhof! Meine bevorzugten Orte sind die Alte Israelische Abteilung (eröffnet 1877) und der 'Park der Ruhe und Kraft' (eröffnet 1999).

Der nach Hamburg-Ohlsdorf zweitgrößte Friedhof Europas, mit einer Gesamtfläche von fast zweieinhalb Quadratkilometern und rund 330.000 Grabstellen, ist nicht nur die letzte Ruhestätte von nahezu drei Millionen Menschen aller Konfessionen. Aus einer anfangs viel kritisierten baum- und strauchlosen Ebene ist eine der europaweit schönsten Parklandschaften geworden, die je ein Friedhofsgelände zierte. Der baumreichen Naturoase mit den vielen Ehrengräbern und Jugendstil-Bauwerken, den jahres- und tageszeitlich verschiedenen Stimmungen und dem interessanten Wildtier-Leben, kommt eine wertvolle Gesundheitsfunktion für alle Besucher dieser historischen und ökologischen Sehenswürdigkeit zu.

Park der Ruhe und Kraft

Loslassen von Belastungen der Erinnerung und des Alltags, sich erfreuen an der Stille und Harmonie der Natur, am Licht oder Nebelgrau, an den Bäumen und Steinen. Er wurde 1999 in der alten Tradition der Geomantie und Gartengestaltung angelegt und ist eine wunderbare Einladung zum Kraft Tanken und Meditieren. Fünf verschiedene Landschaftsbereiche, abgestimmt auf die Kräfte der Erde und des Kosmos, verführen den Besucher zu genauerem Schauen, tieferem Erleben und zur Bewusstwerdung der eigenen Gefühle. Steine, als uralte, leblose – und Bäume als lebende Symbole unserer Kulturgeschichte und des Entstehens und Vergehens, können durchaus hilfreich beim Lösen persönlicher Probleme und Abladen von Trauer sein.

Taschentuchbaum: Blüten, Früchte, Borke

Exotische Schönheiten, Lebende Fossilien, Kulturzeugen

Der freundliche Baum der mit Taschentüchern winkt – *Davidia involucrata*

Meine erste Begegnung mit einem der schönsten Blütenbäume der nördlichen Breitengrade fand im April 2011 im Botanischen Garten in Zagreb statt. Hingen da in der frisch belaubten Krone noch Reste eines künstlichen Aufputzes von Ostern, oder sitzt da ein weißer Taubenschwarm? Eine nähere Betrachtung löste das Rätsel. Die weißen „Taschentücher" stellten sich als große, dünne Hochblätter heraus, welche die kugeligen männlichen und zwittrigen Blütenstände umgeben und als Schauapparat wirken. Im Oktober reifen dann drei bis vier Zentimeter große, rundliche Steinfrüchte. Der auffällige Zierbaum ist auch im Wiener Zentralfriedhof anzutreffen, nahe der Hl. Karl Borromäus-Kirche. *Davidia involucrata* (Eingehüllter David-Baum, Taschentuchbaum, Taubenbaum) wurde 1869 vom französischen Missionar und Pflanzenjäger Jean Pierre Armand David in Westchina, nahe der Grenze zu Tibet, entdeckt. Erst 28 Jahre nach seiner Entdeckung keimte in Paris erstmals ein Samen. So war Frankreich als erstes europäisches Land in den Besitz des Vorzeige-Baumes gekommen und hatte den Wettlauf gegen den Hauptkonkurrenten England, der den Baum erst Jahre später vermehren konnte, gewonnen. Die systematische Einordnung stellt *Davidia involucrata* – die einzige Art der Gattung Davidia – in die Ordnung der Hartriegelartigen und die Familie der Nyssaceae (Tupelogewächse).

Blütenzweige der Tulpen-Magnolie (häufigste in Mitteleuropa angepflanzte Magnolien-Art), rote Samen, Magnolia grandiflora-Blüte

Magnolie und Tulpenbaum: Die ersten Blüten der Welt

Benannt nach dem französischen Botaniker Pierre Magnol, sind Magnolien und ihre über 200 Arten und Sorten nicht nur beliebte Ziergehölze, sondern als Gattung der seit der Kreidezeit (vor 145 - 66 Millionen Jahren) existierenden Familie der Magnoliaceae – zu der auch der Tulpenbaum zählt – echte „lebende Fossilien". Damit stehen diese beiden Bäume am Anfang der stammesgeschichtlichen Entwicklung der Bedecktsamer (Pflanzen mit geschützten Samenanlagen in Form eines Fruchtknotens). Magnolien kommen in Südostasien und Amerika vor, wuchsen aber vor den Eiszeiten auch in unseren Wäldern der subtropisch warmfeuchten Tertiärzeit. In Asien werden Magnolien nicht nur wegen ihrer großen, auffälligen Blüten geschätzt sondern auch in der Medizin (TCM) und als Nahrungsmittel. Das Holz von *Magnolia obovata* wird in Japan zur traditionellen Herstellung von Schwertscheiden und -griffen verwendet. Die größten Blüten besitzt die Immergrüne Magnolie (*Magnolia grandiflora* > nomen est omen), die für Mitteleuropa aber zu frostempfindlich und daher nur in den wärmeren Regionen anzutreffen ist. Ihre Heimat ist der Südosten Nordamerikas, wo sie als Charakterpflanze der Südstaaten gilt (southern magnolia). Meiner ersten Magnolia grandiflora mit ihren 30 Zentimeter großen Riesenblüten begegnete ich 1977 in Lugano (Tessin).

Tulpenbaumblüte und entfaltendes Blatt; Blauglockenbaum-Blütenrispe (Stadtpark von Wr. Neustadt)

Der Tulpenbaum (Tulpen-Magnolie, *Liriodendron tulipifera*) kommt natürlich im östlichen und zentralen Nordamerika vor, wo sein stabiles Holz vielfältige Verwendung findet. Er ist der offizielle Staatsbaum der US-Bundesstaaten Kentucky, Indiana und Tennessee. Fossilien aus der Tertiärzeit – die ältesten sogar aus der Oberkreide - zeigen, dass die Gattung Liriodendron, von der es zwei rezente, ähnliche Arten gibt (*L. tulipifera und L. chinense*) auch in Europa verbreitet war. Seit 1663 als frostharter Park- und Zierbaum angepflanzt, wird der Liriodendron mit seinen großen, attraktiven Blüten auch von Bienen und anderen Insekten sehr geliebt. Die gelb bis orangerote Färbung der auffällig geschnittenen Blätter – einige Schüler glaubten, ich hätte sie mit der Schere zugeschnitten... - verleihen dem Baum auch im Herbst ein prachtvolles Aussehen und man hat unwillkürlich den ‚indian summer' seiner amerikanischen Heimat vor Augen.

Ein kaiserliches Gehölz: Der Blauglockenbaum (*Paulownia tomentosa*, Kaiserbaum)

Ein Blickfang in mitteleuropäischen Parks wärmerer Regionen ist dieses Trompetenbaumgewächs mit drüsig behaarten Blüten (‚tomentosa' = filzig). Diese entfalten sich im Mai in prächtigen aufrechten Blütenständen. Die Paulownie ist nach Prinzessin Anna Paulownia, der Tochter des Zaren Paul I., benannt.

Paternosterbaum: Blütenstand; Früchte, Kirche des Hl. Franz v. Assisi, Rijeka; Steinkerne, Kreuz&Spirale

Paternosterbaum

Persischer Flieder, Chinesischer Holunder, Zedrachbaum: *Melia azederach*, aus der Familie der Mahagonigewächse, ist ein auffälliger, angenehm duftender Zierbaum des Mittelmeergebietes, der viele Namen trägt. Der erstgenannte deutet auf die Verwendung der Steinkerne seiner gelblich-beigen, giftigen und gerippten Früchte für Rosenkränze hin. Die chemische Vielfalt seiner Inhaltsstoffe – besonders der ölreichen Samen – wird zur Herstellung von Firnis, Schmiermittel, Farben, Seifen und Insektiziden genutzt. Der hübsch lila blühende Baum stammt aus Süd- und Südostasien und wächst im Himalaya bis in Höhenlagen von 2000 Metern.

Erdbeerbaum: Zweig mit Früchten, Borke u. Blätter; Erdbeerbaum-Falter auf der Insel Lošinj, Kroatien

Erdbeeren, die auf Bäumen wachsen?

Der immergrüne Westliche Erdbeerbaum *(Arbutus unedo)* ist ein von Oktober bis Dezember blühendes Heidekrautgewächs (Ericaceae), das sich in Küstennähe am wohlsten fühlt. Seine Früchte werden zu Konfitüre und Wein, in Portugal zu Schnaps (‚Medronho') verarbeitet. Aus seinem Nektar entsteht ein dunkler und bitterer Honig. In der Heraldik ziert er das Wappen Madrids und der Provinz Ancona. Auf diesen vielseitigen Südländer fliegt auch der größte Tagfalter Europas, der Erbeerbaumfalter *(Charaxes jasius)*.

Traumbaumart oder hölzerner Fluch einer warmen Zukunft?

Als pflanzliches Pendant zur weltweiten wirtschaftlichen Expansion Chinas kann man den Götterbaum (*Ailanthus altissima*) aus der Familie der Bittereschengewächse bezeichnen. Ausgesprochen anspruchslos, mit extremen Verwilderungstendenzen – ein typisches Zeichen von Pionierbäumen (Erstbesiedler von Rohböden) – erobert, die schon Mitte des 18. Jahrhundert eingeführte Art, jede Beton- oder Asphaltfuge der Städte. Wo ein Götterbaum Wurzeln schlägt ist er kaum mehr wegzubekommen.
Dem asiatischen Einwanderer (Neophyt) scheint es in den gemäßigten Gebieten Europas und dem Mittelmerraum sehr gut zu gefallen. Mit einer Wachstumsgeschwindigkeit von bis zu 3 (4?) Meter pro Jahr, ist er wohl die schnellwüchsigste

Baum-Aliens am Bahnhof Baden und als ND vor dem Mödlinger Bahnhof (Stammumfang: 5,30 m), Früchte, Ailanthus-Wald, Baška, Krk

Baumart Europas. Die Bewohner der indonesischen Inselgruppe der Molukken beschrieben daher seine dort existierenden Verwandten mit: „bis zu den Göttern wachsend." Da Ailanthus nicht nur Trockenheit, Hitze, Luft- und Bodenschadstoffe erträgt, scheint er die Lösung für versalzte Straßenränder und vergiftete Industriebereiche zu sein. Als Zukunftsbaum mit Blick auf den Klimawandel bezeichnete ihn der Berliner Pflanzenökologe Ingo Kowarik. Von der EU wurde er als erstes Gehölz in die Liste invasiver Arten genommen. Die Naturschutzbehörden der Länder zerbrechen sich die Köpfe bei der Einschätzung des Gefahrenpotentials für die heimische Biodiversität und bei der Erstellung von Managementplänen. Kowarik plädiert für eine pragmatische Kosten-Nutzen-Analyse. Nicht zu vergessen sei, dass ein in der Stadt wachsender Götterbaum ganz ohne Kosten für Pflanzung und Pflege die Luft säubere und kühle, Schatten spende und Nahrung für Honigbienen biete. Bezüglich der Nützlichkeitsbewertung des Baumes sind wissenschaftliche Informationen zu betrachten, die vom hohen allergenen Potential des Ailanthuspollen sprechen, dessen Mengen bereits jene von Gräserpollen überschritten haben (ORF, 2.6.2024). Mit dem Götterbaum werden wir herausgefordert, über die Natur nachzudenken und die Konsequenzen unseres Handelns zu ertragen. Langfristig wird es schwer möglich sein, all die eingeschleppten Arten großflächig zu bekämpfen, die sich im Zuge des Klimawandels bei uns immer wohler fühlen. Auch der Götterbaum hat schon einen ebenbürtigen (?) Nachfolger der ebenfalls ursprünglich aus Asien stammt und ähnlich rasant wächst: der Blauglockenbaum (siehe vorher) – allerdings mit wunderschönen, lila Blütenständen...

Ailanthus vor dem Stephansdom,Wien

Ailanthus-Spinner

Der größte Spinner ist ein „echter Wiener“

...so lautete 1985 die Überschrift einer Zeitungsreportage über den Ailanthusspinner (*Samia cynthia*) – Flügelspannweite: 10-13 Zentimeter. Zum Zweck der Seidengewinnung wurde dieser asiatische Falter aus der Familie der Pfauenspinner Mitte des 19. Jahrhunderts in Europa eingeführt. In Österreich versuchte man seine Zucht in Atzgersdorf bei Wien. Da die aus dem Kokon gewonnene Seide keinen hochwertigen Stoff lieferte, wurde sie bald eingestellt. Hauptnahrungsquelle der Raupen ist der Götterbaum. Die Falter fliegen im Mai und Juni in der Dämmerung und nachts. Tagsüber ruhen sie im Blattwerk der Bäume. Einer davon wächst neben dem Stiegenaufgang zur Türmerstube des Wiener Stephansdoms und wird, einschließlich der Metamorphose dieses exotischen Schmetterlings, in Georg Rihas Film über das Wiener Wahrzeichen, gezeigt.

Weder Hopfen noch Buche

Die Hopfenbuche *(Ostrya carpinifolia)* ist ein wenig bekannter typischer Vertreter submediterraner Laubmisch-, Karst- und Buschwälder. In Österreich ein seltener Exote, der nur in den warmen Gebieten Kärntens, der Südsteiermark, Osttirols und in Nordtirol (nur in der Mühlauer Klamm bei Innsbruck) zu finden ist. Hier liegt auch die natürliche, nördlichste Verbreitungsgrenze.

Bilder oben: Fruchtender Baum auf der Mondebene in Baška, Krk (Kroatien); reife Fruchtstände; Smaragdeidechse
Bilder unten: Hainbuche blühend; Früchte; Orientalische Hainbuche (Carpinus orientalis), Vrlika (Kroatien)

Mit ihren männlichen und weiblichen Blütenständen (Kätzchen) verrät sie ihre Verwandtschaft mit anderen Vertretern der Familie Birkengewächse, wie Hainbuche, Erle und Hasel. Den irreführenden Namen trug ihr der unverwechselbare Fruchtstand ein, der stark an die weiblichen Blüten des Hopfens erinnert, sich jedoch nicht zum Bierbrauen eignet. Die Blätter besitzen einen doppelt gesägten Rand wie jene der Hainbuche (*carpinifolia* = hainbuchenblättrig). Der Gattungsname ‚Ostrya' wird auf ‚ostreon' (Auster) zurückgeführt, da ihr Holz hart wie Austernschalen ist. Als Pionier von Rohböden und Felsschutthalden kommt sie häufig zusammen mit der Manna- oder Blumen-Esche (*Fraxinus ornus*), Flaum-Eiche (*Quercus pubescens*), Französischen Ahorn (*Acer monspessulanum*) und der Schwarz-Föhre (*Pinus nigra*) vor. Ihre wärmebegünstigten Standorte sind auch Lebensraum seltener Pflanzen- und Tierarten, wie der Smaragdeidechse. Die Hopfenbuche war „Baum des Jahres 2019" in Österreich (Kuratorium Wald).

Morus nigra, Baumkrake in Baška, Krk; Früchte von Morus nigra

Der Maulbeerbaum: Zukunftsbaum im Klimawandel?

Maulbeerbäume (Gattung *Morus*) sind bereits seit der Römerzeit in den wärmeren Regionen Europas anzutreffen. Das sind vor allem die Weinbaugebiete Mittel- und Südeuropas. Die drei in Europa bekannten Arten sind der Schwarze und Weiße Maulbeerbaum *(Morus nigra und alba)*, die aus Asien stammen und der seltenere, frostresistentere Rote Maulbeerbaum *(Morus rubra)*, dessen Heimat Nordamerika ist. Am wohlschmeckendsten sind die stark färbenden und wie große, längliche Brombeeren aussehenden Früchte (Steinfruchtverbände) des Schwarzen Maulbeerbaumes. Die Früchte des bei uns meist nur strauchig wachsenden Weißen Maulbeerbaumes schmecken sehr süß, eher fade, und kommen getrocknet in den Handel. Die Blätter von Morus alba dienten bis zur Einfuhr billiger Seide aus Südostasien, Anfang des 20. Jahrhunderts, zur Aufzucht der Seidenspinner *(Bombyx mori)*-Raupen. Dies war auch der Hauptgrund für die Anpflanzung von Maulbeerbäumen in Europa. Maria Theresia liebte sie und ließ sie in der Wiener Vorstadt setzen. Das harte, gut polierfähige Holz ist wertvoll und vielseitig verwendbar. In Südostasiatischen Ländern, wo der Baum seit über 3000 Jahren kultiviert wird, verarbeitet man die Rinde zu handgeschöpften Spezialpapieren. Rinde und Blätter werden in der Chinesischen Medizin verwendet.

Morus nigra (markante Blätter); Borke eines alten Baumes; Morus alba fruchtend

Schwarze Maulbeerbäume fallen nicht nur bei Fruchtreife auf, besonders wenn die abgefallenen Fruchtverbände den Boden um den Stamm schwarzrot bekleckern, sondern auch durch ihre dicken, im Alter hohlen, Stämme. An diesen finden sich oft viele knollenförmige Verdickungen und Wassertriebe. Laut der Baumschule für Klimawandelgehölze in Möhringen (Deutschland), könnte *Morus nigra* hervorragend für die trockensten und kargsten Böden eingesetzt werden, was eine ideale Bewirtschaftung geschädigter, trockener und nährstoffarmer Böden bedeuten würde. Aufgrund seiner Frostempfindlichkeit ist dies aber nur in besonders geschützten Lagen möglich. Als Kleinbaum oder Großstrauch wird er bis 5 Meter hoch (in Südeuropa bis zu 25 Meter) und ist auch aufgrund seiner Blattdiversität auf einem Baum eine interessante Erscheinung. Besonders alte, knorrige und hohle, aber immer noch vitale Individuen, prägen das Stadtbild mediterraner Städte. Raupen- und Schneckenfraß sind für ihn kein Problem, auch wenn er total abgefressen wird. Nach totalem Rückschnitt erholt er sich rasch, umwallt die Wunden und treibt wieder aus. Mit einer Wachstumsleistung von bis zu 70 Zentimeter pro Jahr erinnert er an den Götterbaum (*Ailanthus*).

„Künstler (Poet) ist, wer von Natur viel versteht“
(Pindaros, 522-446 v. Chr.)

Natur und Kunst sind ein Gegensatzpaar, das eine bedeutsame Rolle im Leben des einzelnen Individuums wie der gesamten, globalisierten menschlichen Gesellschaft spielt. Mit „Natur“ verbinden wir meistens etwas Lebendiges, auch wenn darunter auch Totes, wie Leichen, Mineralien und Steine fallen. Aber sind diese wirklich „tot“? Die Frage „Was ist Leben?“ - lässt sich nicht durch eine eindimensionale Definition beantworten, sondern nur durch die Vielfalt gemeinsam vorhandener, natürlicher Kriterien wie Stoffwechsel, Wachstum, Fortpflanzung, Bewegung, Reizbarkeit und Umweltanpassung. Wie lässt sich nun der Begriff „Kunst“ (lateinisch: ars, griechisch: techne) beschreiben? Bezeichnet wird damit jede entwickelte Tätigkeit von Menschen (und Tieren, etwa Menschenaffen), die auf Wissen, Übung, Wahrnehmung, Vorstellung und Intuition gegründet ist, unter Einschluss des stetigen Wandels der Beschreibung durch einen Diskussionsprozess. Man denke nur an die „Heilkunst“, „Baukunst“, die „Kunst der freien Rede“ – sogar der Ausdruck „Kriegskunst“ entsprang menschlichen Gehirnen. Ein einziges Kriterium, das auch bei der Definition von „Leben“ unzureichend ist, etwa „Provokation“ alleine, dürfte Kunst nicht ausreichend legitimieren. Ur-Vorbild für alle Ausdrucksformen dieses sensiblen und inflationär verwendeten Begriffs ist und bleibt die Natur, bleibt das Leben, in seinen unzählbaren Erscheinungsformen und Entwicklungsstadien, von den Mysterien der Geburt bis zum Tod.

Auf unserer evolutionären Reise vom „Naturwesen“ zum „Kulturwesen“ mit allen Sonnen- und Schattenseiten, sinnvollen und bewunderungswürdigen, wie auch wenig sinnhaften und Ekel auslösenden Erzeugnissen und Handlungen, werden wir das Geflecht der eigenen Lebenswurzeln nie verleugnen können. Selbst in den abstraktesten und unverständlichsten Kunst-Produkten ist zumindest die Fessel der Natur zu erkennen, auch wenn das, was man sieht, hört oder spürt scheinbar nichts mit Natur zu tun haben mag. Es sind die Materialien „made by Natur“ - die Erden, Farbstoffe, Steine, Mineralien, Pflanzen- und Tierprodukte – und ihre Verarbeitung zu kreativen Gestalten die eine Information tragen; eine Botschaft die menschliche Gehirne in sie eingeschlossen haben in der hoffnungsvollen Absicht, dass sich diese enthüllt und bewundert wird. Ohne Kunst könne der Mensch nicht leben, behauptet die „art society“. Wenn dieses statement in dem Sinn gedacht wird, dass wir Menschen ohne dem „greatest artist of the world“ – das ist die NATUR - und mit ihr (weiblich!) natürlich ursächlich und untrennbar verbunden: LICHT, LUFT, WASSER und NAHRUNG nicht leben können, dann haben Künstler und solche, die sich dafür halten, es verstanden.

Charlotte Seidls geheimnisvolle Frauen

„Atlas und Axis“ Sylvia Kummer, 2017

Auf der Suche nach dem verlorenen Rückgrat... und den verlorenen Werten

In der Kulturlandschaft des Oberen Schwarzatales, am Gut Gasteil bei Prigglitz N.Ö., hat das natur- und baumverbundene Künstlerehepaar Charlotte und Johannes Seidl (1947-2021) ein einmaliges Refugium für kreative Menschen geschaffen. Seit 1989 kann man auf Wiesenwegen eine kleine Welt von Kunstobjekten aus verschiedenen Materialien durchwandern und sich an der subtilen Symbiose von NATUR und KUNST, von Materie und Geist, erfreuen. Das Foto auf der linken Seite zeigt zwei große, menschenähnliche weiße Objekte im Nebel neben einem Obstbaum... sind es UFOs, utopische Kreaturen oder Figuren, die Gymnastik treiben? Somatologisch Geschulte erkennen unsere zwei obersten Halswirbel, Atlas und Axis – den Träger und den Dreher unseres Kopfes, dem Sitz der Zentralorgane für Geist, Wahrnehmung, Sprache und Mobilität. Diese, in realer Größe viel kleinere, zarte und verletzliche Funktionseinheit im Genick, erlaubt uns als sogenannte ‚Ja-Sager' und ‚Nein-Sager', sowie durch viele andere gestischen Mitteilungen die wichtigsten Formen der nonverbalen Kommunikation. Sie ist die Spitze unseres Rückgrats das wir im Laufe unseres Lebens so oft verbiegen und erschüttern, und – über deren Existenz und Bedeutung wir allzuoft erst nachdenken, wenn es schmerzt...

„Skyscraper", Hannes Mlenek, 2015

„Konstruktion mit Ahornbaum", W. M. Pühringer, 2000

„Licht aus dem All", Beni Altmüller, 2018

„Zwei Spiralen“, Josef Baier, 2017

„Kunstwerke sind Fenster auf ein bisher nicht bekanntes Dahinter“
„...man möge der Natur mit natürlichem- nicht künstlerisch dünkelhaftem Blick begegnen“
„Kunst gibt sich nicht mit jedem ab; sie ist und bleibt für viele stumm; nichts aber ist aufreizender, als sich überlegenem Schweigen gegenüberzubefinden“ (Ernst Hartmann, 1907-1983)

Als Künstler, Kartograph und Lehrer am Athos: Reinhold Zwerger (1924-2009)

Schon als Kind zeichnete der im südlichen Niederösterreich, in Kirchberg am Wechsel, geborene Reinhard Zwerger leidenschaftlich Inseln. Er stattete sie mit allen Landschaftsformen aus, die er sich wünschend erdenken konnte und schenkte auch einige dieser Inseln her. Im Inneren jeder Insel war meist ein Süßwassersee, der wiederum in der Mitte eine kleine Insel umschloss, in deren Fischteich er ab und zu angelte. Alle diese Inseln hatten für ihn einen großen Wirklichkeitsgehalt. Er durchstreifte sie mit viel Freude. Was man sich als Kind erträumt und in der Phantasie aufbaut können besonders glückliche und begabte Menschen in ihrem späteren Leben verwirklichen. Reinhold Zwerger war so ein besonders begabter und glücklicher Mensch, ausgestattet mit der feinen Beobachtungsgabe und den handwerklichen Fähigkeiten eines Künstlers und Technikers. Eine Halbinsel Griechenlands – die für Zwerger eine Insel war, da sie nur vom Meer aus betreten werden darf - zog den jungen Künstler lebenslang in ihren Bann. Diese „Insel“ ist das 43 km lange Ende des östlichen Fingers der Halbinsel Chalkidike – die orthodoxe Mönchsrepublik Athos (Agion Oros), mit dem gleichnamigen heiligen Berg Athos (2033 m). Diese geheimnisvolle Anderswelt sollte seit 1956 mehr als die Hälfte von Zwergers Leben mitbestimmen. Die folgende, abenteuerliche Besuchsreise startete 1959 am Wiener Südbahnhof, in einem verrauchten und mit Bergen von Gepäck vollgestopften Gastarbeiterzug nach Thessaloniki. Heute ist die

„Treppe ins Nichts",
Karl Vonmetz, 1994

Anreise zu den 20 Großklöstern, die Teil des UNESCO Weltkulturerbes sind, unvergleichlich einfacher. Die gesamte Athos Halbinsel ist auch Natura 2000 Schutzgebiet. Der naturliebende Wanderer, Maler und Grafiker Zwerger, im Brotberuf Industrial Designer, der mit mehrfachen Staatspreisen für Eumig-Kameras und Projektoren ausgezeichnet wurde, brachte nach 15-jähriger Arbeit eine Athoskarte 1:50.000 heraus (erstmals erschienen 1982). Sie wird auch heute noch als die beste Athoskarte bezeichnet. Seine Zähigkeit und Ausdauer, mit 72 Jahren noch eine Woche täglich zehn Stunden Kartieren, Auf und Ab, 1000 Höhenmeter und mehr, sind bewundernswert. Die zweite Tätigkeit, die für Zwerger besonders wichtig war, waren seine langjährigen Bemühungen, einige der bis zu tausend Jahre alten Fußwege - wahre Traumwege - zu retten. Seine große Vorliebe für Landschaft, Pflanzen und Tiere liegen in der Kindheit am Land, wo er oft seinen Großvater in die Wälder begleitete und später als Gärtner im Gartenbaubetrieb der Großmutter mitarbeitete. Diese prägenden ersten „Naturlehre-Unterrichtsstunden" mögen gleichsam die Wurzeln des zeichnerisch begabten Zwerger und seines erfolgreichen beruflichen und künstlerischen Weges gewesen sein. Besonders beeindrucken die Linolschnitte der Athos-Klöster. Der Wunsch des Abtes vom Kloster Simonos Petras, Aemilianos, einen Linolschnittkurs für einige junge Mönche abzuhalten, war Anlass zu folgender Frage an Reinhold Zwerger: „Sind sie ein Künstler?" Zwerger antwortete: „Das weiß ich nicht; ich weiß nur, dass ich ein sehr guter Handwerker bin, der Ihre Mönche die Technik des Linolschnittes und des Handdruckes lehren kann;" um dann fortzufahren: „im übrigen bin ich der Ansicht, dass nur der die Chance hat Künstler zu werden, der zuvor sein Handwerk beherrscht." Diese Antwort stellte den Abt zufrieden.

Reinhold Zwerger
Athos, bei Karyai
21-Farben-Linolschnitt, Handdruck auf Japanpapier, 1991
Bildformat 48 x 60 cm

„Wege am Athos" (2005): Die Welt des Reinhold Zwerger, der heuer 101 Jahre alt geworden wäre, lässt sich im außergewöhnlichsten Buch, das je über den Athos geschrieben wurde und mit vielen Linolschnitten und Fotos ausgestattet ist, geistig nachwandern.

Hinrichtung einer Rosskastanien-Allee. Dies wurde als „fachgerechter Baumschnitt“ verkauft (Gloggnitz, 1981)

Der Biochemiker und die Bäume: Erwin Chargaff

Erwin Chargaff (1905-2002) ist ein, völlig zu Unrecht meist nur Chemikern und Biologen bekannter Biochemiker und Schriftsteller. Er wurde in Czernowitz, Bukowina (Österreich-Ungarn; heute Ukraine) als Kind einer jüdischen Familie geboren, besuchte das Wiener Gymnasium Wasagasse und promovierte 1928 an der Technischen Hochschule in Chemie. Mit Karl Kraus, den der junge Student Erwin verehrte, verband ihn ein kritischer Geist, der ihn später in der Naturwissenschaft, aber auch bei der Gesellschaftsanalyse auszeichnete. Nach Forschungsjahren in den Vereinigten Staaten und in Berlin, wechselte er nach der Machtergreifung durch die Nazis 1933 nach Paris ans Institut Pasteur und emigrierte 1935 in die USA, wo er ab 1952 als Professor für Biochemie lehrte und forschte.
Seine Entdeckung der Basenkomplementarität, die nach ihm benannten Chargaff Regeln, führten schließlich die jungen britischen Kollegen Francis Chrick und James Watson zur richtigen Spiral-Struktur unseres Erbmoleküls DNS – der Doppelhelix. Bei der Nobelpreisverleihung 1962 an die zwei „wissenschaftlichen Clowns“, wie Chargaff sie nannte, wurde er nicht bedacht. In Gesprächen mit Chargaff erkannte dieser die große Unkenntnis Watsons und Cricks auf chemischen Gebiet und nahm die beiden nicht ernst. Wenn man bedenkt, dass die beiden berühmten Nobelpreisträger ohne die DNS-Röntgenkristallaufnahmen der Physikerin Rosalind Franklin (1920-1958), die sie ohne deren Wissen und Erlaubnis verwendeten, und ohne Chargaffs Entdeckung nie die Struktur der DNS entschlüsseln hätten können, wirft dies ein moralisch trauriges Licht auf die beiden. Nach seiner Emeritierung 1974 trat Erwin Chargaff mit stilistisch geschliffenen, kritischen Essays als Wissenschaftskritiker hervor.

Die drei Merkmale, um den Zivilisationsstand eines Volkes zu ermitteln:
Wie wir mit Kindern und alten Menschen umgehen
Wie wir mit Bäumen umgehen
Wie wir mit der Sprache umgehen
(Erwin Chargaff)

„Wo bleibt der heilige Zorn“ tituliert Maria Höflingseder in der Wiener Zeitung vom 11./12. Juni 2022 ihre Gedenk-Reportage über Chargaff. „Warum wird Wissenschaftskritik zunehmend als Wissenschaftsfeindlichkeit bezeichnet und warum werden abweichende Meinungen immer öfter dämonisiert? Mit dem geradezu inflationär gewordenen Vorwurf, ja mit der Punzierung „Fake“, „Falschmeldung“, „Verschwörungstheorie“ ist ein völlig neuer Ton im öffentlichen Diskurs angeschlagen worden. Soll damit jede Diskussion im Keim erstickt werden? In seinen Büchern bietet Chargaff einen selten gewordenen Genuss an scharfsinnigen und luziden Reflexionen über Wissenschaft und Technik, über Massenmedien und Kunst, über Sprache und Sprachen, über

Geköpfte Pappeln am Zürichsee, Pfäffikon

Ethik und Ästhetik, über Autobiografisches und Universelles. Sie haben auch zweiundzwanzig Jahre nach seinem Tod nichts von ihrer Brisanz eingebüßt. Zu Chargaffs wichtigster Kritik gehört die Frage, welche Entwicklung wir überhaupt wollen: „Unter den zahllosen Mehrern und Hütern des Wissens ist kein einziger, der stehenbliebe und fragte, wohin die Reise geht." Muss alles gemacht werden, was gemacht werden kann? Und muss alles, was gemacht worden ist, auch verwendet werden? „Der Fluch der Machbarkeit und der Fluch der Verwendbarkeit haben sich beide als pseudoreligiöse Dogmen konstituiert. Chargaff bezeichnet das 20. Jahrhundert als eines der abscheulichsten der Weltgeschichte. Seit dem Ersten Weltkrieg mit seinen Giftgasangriffen und noch viel deutlicher seit dem Zweiten mit der Atombombe ist ein „Zeitalter mit mörderischer Wissenschaft" angebrochen, in dem es die „eigentliche Aufgabe der Naturwissenschaft sei, die entscheidenden Waffen zur Menschenvernichtung bereitzustellen". Heute sind die weltweiten Rüstungsausgaben – nach einem Rückgang im Zuge des Kalten Kriegs - auf Rekordniveau: Von einer Billion Dollar im Jahr 2000 stiegen sie auf 2,1 Billionen 2021. Wo sind heute rigorose Kritiker von AKW und Atomwaffen? Wo ist eine Friedensbewegung? Wo ist jemand, der den gigantischen digitalen Ausbau der Militarisierung des Weltraums hinterfragt? Chargaff lehnt Wissenschaft weder ab noch stellt er die Notwendigkeit und Bedeutung von technischen Errungenschaften in Abrede. Er kritisiert vielmehr den systemimmanenten Zwang zur monetären Verwertbarkeit, der dazu angetan ist, eine menschliche Hybris zu entwickeln, die einem suizidalen Technik-Fetischismus frönt. Bereits vor Jahrzehnten sah Chargaff lauter Zauberlehrlinge am Werk, deren Meister längst geflohen sind. Diese Zauberlehrlinge haben sich in den letzten 30 Jahren rasant vermehrt. Heute basteln sie mit Hochdruck an künstlicher Intelligenz, schnipseln mit der Genschere; selbst an einer Rezeptur für Unsterblichkeit wird seit zehn Jahren in den brodelnden Küchen im einschlägigen Tal getüftelt. Der Tod soll besiegt werden, aber was ist mit dem Leben? Warum hungern laut UNICEF 690 Millionen Menschen? Warum stirbt alle zehn Sekunden ein Kind an Hunger? Und selbst in reichen Ländern wie Österreich und Deutschland können sich viele das Lebensnotwendige nicht mehr leisten. All diese menschenverachtenden Verhältnisse haben mit mangelnder Technik indes wenig zu tun. Dennoch ist sie stets der Hauptfokus jeglicher Heilserwartung, die mittlerweile nie dagewesene religiöse Züge angenommen hat."

Der Wald von Notre-Dame

Schock und Trauer löste am 15. April 2019 der, vermutlich durch einen Kurzschluss ausgelöste Brand des berühmten Pariser Sacralmonuments aus. Die 850 Jahre alte Kathedrale von Notre-Dame drohte bis auf die Grundmauern niederzubrennen. Wegen der ineinandergreifenden Dachbalken wurde das Dach der Kathedrale „der Wald von Notre-Dame“ genannt. 2000 Eichen wurden benötigt, um das fast komplett zerstörte Dach wieder aufzubauen. Aufgrund des Zeitaufwandes für das Fällen und Trocknen des Holzes, wurde entschieden, nur französische Eichen zu verwenden. Vertreter des Branchenverbandes „France Bois Foret“ bestimmten und nummerierten Bäume im ganzen Land. Von Korsika bis an den Ärmelkanal, vom Elsass bis in die Bretagne sollte jede französische Region vertreten sein. Mit dem Hinweis auf die Waldprobleme durch den Klimawandel äußerten sich nicht alle Franzosen euphorisch zu diesem Vorhaben. Die Petition verlangte den Einsatz von „ verantwortungsvolleren, weniger schädlichen Ingenieurtechniken“ als eine Holzkonstruktion. Konkreter wurde sie nicht – denn Alternativen gibt es kaum. Die Kathedralen von Reims und Nantes sind mit viel Beton restauriert worden. Laut dem Nationalen Forstamt bildeten die gefällten Bäume nur 0,1 Prozent der jährlichen „Eichenernte“ zu Gewerbezwecken. Forstfachleute wiesen auch auf die Zunahme der Waldflächen in Frankreich wie in ganz Europa hin und bezeichneten die Petition als „Idefix-Reflex“ - benannt nach dem Comic-Hund, der jedes Mal in Tränen ausbricht, wenn Obelix einen Baum umlegt. Die Fällung der ersten acht Eichen erfolgte im März 2021 im Wald von Berce, 120 Kilometer südwestlich von Paris. Als Grundlage für den Wiederaufbau des Kirchturms verwendete man etwa 230 Jahre alte Bäume mit einem Meter im Durchmesser und über 20 Metern Stammlänge. Von diesen außergewöhnlichen Bäumen mussten fünf vollkommen gerade sein und drei eine ganz bestimmte Krümmung aufweisen, die für die Konstruktion notwendig waren. Den Rest der erforderlichen 2000 Eichen fällte man in ganz Frankreich. Nach dem Umschnitt lagerten die Stämme mehrere Monate im Freien, sodass der Regen die Tannine (Gerbstoffe) auswaschen konnte. Bis zu 18 Monate dauerte die Trocknung um einen Feuchtigkeitsgehalt des Holzes auf unter 30 Prozent zu erreichen. Erst dann konnten die Zimmerleute mit dem Aufbau dieses einmaligen Waldes von Notre-Dame beginnen. Die Wiedereröffnung der Kathedrale erfolgte am 8. Dezember 2024.

Hoher Pflegeaufwand von Bäumen in Großstätten wie Zürich (oben links und mittig) sowie Wien (unten) fördert die Gesundheit. Im Kontrast dazu eine versiegelte Baumscheibe als Wurzelmörder, Gloggnitz NÖ, 1992 (oben rechts)

Bäume sollen die Stadt retten

Dass sich Städte mit ihrer Wärme speichernden und verstärkenden Bausubstanz aus Asphalt, Beton und Glas aufheizen ist kein großes Geheimnis. Abgasreiche Luft staut sich über den versiegelten Flächen und lässt das Klimaphänomen der „städtischen Hitzeinsel" entstehen. Österreich ist – seit Jahrzehnten – trauriger Europameister im Vernichten („Versiegeln") von Grünland-Böden. Ebenfalls seit Jahrzehnten ist dieser „Wahnsinn" und seine Folgen für die Gesundheit und Ernährungssicherung der Politik bekannt. Seit etwa einem Jahr wird als Lösung des Problems eine „Entsiegelung" propagiert und - weiter großflächig, meist für Straßen und Wirtschaftsstandorte, versiegelt... Im Sommer 2018 gab es in Wien mit 42 Hitzetagen doppelt so viele Tage mit Temperaturen über 30 Grad Celsius als im langjährigen Mittel. Die Spitzenwerte kratzten an der 40-Grad-Marke. In 46 Nächten kühlte es nicht mehr unter 20 Grad ab. Solche Extreme werden in sehr naher Zukunft eher die Regel als Ausnahme sein. Die Durchschnittstemperatur stieg in Wien in nur vier Jahrzehnten um satte zwei Grad. Es wird unangenehm und krank machend heiß – letal heiß.

Bilder oben: Bundesamtsgebäude und Umweltministerium Wien; Areal am HBF Wien; „MAHÜ“ (Mariahilferstr.) Wien
Bilder unten: Stadtpark, Wien; Dachbaum, Wien; im Prater blüh‘n wieder die Bäume

Der Stadtbaum soll das Problem entschärfen und sein Potential als Klimaretter wohltuend entfalten. In den großen und gut verwalteten Städten wird eifrig aufgeforstet – in weniger weitsichtigen begnügt man sich aber leider häufig mit der Anpflanzung von ungeeigneten und gering effizienten Baumzwergen mit Kugelkronen. Bäume spenden nicht nur Schatten. Je heißer es ist, desto mehr Wasser verdunsten sie über die Blätter und befeuchten die abgekühlte Luft. „Klimaanlage Baum“ stellt die Leistung elektrischer Anlagen mühelos in den sprichwörtlichen Schatten. Sie erreicht, je nach Baumgröße und Art, die bis zu zehnfache Leistung einer herkömmlichen Raumklimaanlage. Als Absauger des Treibhausgases CO2, das sie durch die Photosynthese in nützliche Kohlenhydrate verwandeln, kühlen Bäume auch auf lange Sicht – lokal und global. Forscher der ETH Zürich sorgten mit der, allerdings nicht neuen, Idee durch großflächige Aufforstung die Erderhitzung zu drosseln, für Aufsehen. Eine Milliarde Hektar zusätzlicher Wald würde zwei Drittel aller jemals vom Menschen verursachten CO2-Emissionen speichern. *Quelle: M.Winterer in: Wiener Zeitung vom 20./21. Juli 2019.*

Zum 200. Geburtstag von Johann Strauss
im Wiener Stadtpark

Wien hat 485.000 Stadtbäume, 2 Millionen Einwohner

Aufwendig aber alternativlos ist die Pflege der Stadtbäume zur Erzeugung eines „Mikro-Waldklimas“. Umso mehr grüne Klimaanlagen in Gestalt von Alleen und Parks eine Stadt besitzt, desto lebenswerter und gesünder ist sie und wird auch so empfunden.

„Haben sie Wien schon bei Nacht geseh'n, haben sie das schon erlebt?
Man sieht zwar nicht ob die Bäume blüh'n, welche besonders beliebt...“
(Reinhard Fendrich)

Kagenfurt, Bahnhofstraße: Wenig Platz und viele Autos – aber auch viele Bäume und ein hoher Pflegeaufwand für die Gesundheit der Bewohner und Gäste der Stadt.

Dünn- und Dickhäuter: 16 Borkenbilder

Elsbeere, Urwelt-Mammutbaum, Berg-Ahorn, Feld-Ahorn, Grau-Pappel, Zerr-Eiche
Linde, Platane, Robinie, Rot-Föhre, Bruch-Weide, Silber-Weide
Flatter-Ulme, Gelber Hartriegel, Götterbaum, Zürgelbaum

Pilze haben Bäume zum Fressen gern

Je nach Art lieben sie Bäume als Zersetzer, Parasiten oder Symbionten. Letztere treiben mit Bäumen und vielen anderen Pflanzen einen regen Stoffaustausch zum gegenseitigen Vorteil.

Grünblättriger Schwefelkopf, Birken-Porling, Klebriger Hörnling
Eispilz (Zitterzahn, Sulz-Pilz); Schwefel-Porling; Igel-Stäubling

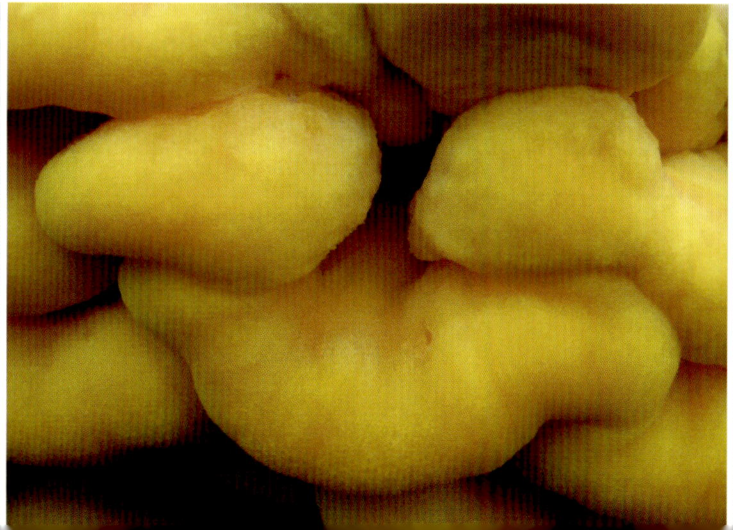

Krause Glucke, Zitronen-Täubling,
Kork-Stacheling

Waben-Porling, Föhren-Steinpilz,
Eichen-Steinpilz

Ochsenzunge (Leber-Reischling),
Fichten-Steinpilz

Erde – Bäume – Mensch: Warum Bäume weiser sind als wir

Was wäre unser Planet Erde ohne Bäume – ohne diese zeitlebens an ihren Geburtsort gefesselten, hunderte, tausend und mehr Jahre Gestalt- und Farbfestspiele veranstaltenden, aber auch Mangel und Wetterqualen erleidenden Wesen?

Nur ihren Kindern ist eine beschränkte, passive Ortsveränderung gestattet. Meistens fliegen sie Kurz- und Mittelstrecke. Gar nicht so wenige Arten wurden aber durch unsere Mithilfe sogar zu Weltreisenden. Am Zielort gelandet war's das aber schon – keine weiteren Ausflüge mehr. Da geht es uns technisch begabte Hominiden schon besser. Mit unserem „Grips" - eine, dem Baum zugegebenerweise unverdient überlegene Gabe - haben wir terrestrischen und historisch wie aktuell immer noch terroristischen „Problem-Affen" als Aeronauten und Aquanauten partiell auch den Luft- und Wasserraum erobert. Trotzdem und gerade weil wir mit unserem Gehirn immer mehr Schaden als Verbesserungen der Lebensbedingungen für alle Kreaturen anrichten, bewundere ich diese stummen und ausdrucksstarken, hölzernen Geschöpfe.

Bäume sind unsere eindringlichsten Prediger, meinte Hermann Hesse, der wohl größte Baumfreund der Literaturgeschichte. Prediger im besten Sinn, da sie nichts aufzwingen und uns nicht zu unserem Schaden manipulieren. Sie predigen lautlos das Gesetz alles Irdischen, des Werdens und Vergehens, des Wandels der Stoffe und der Wünsche. Vor allem predigen sie den Frieden und die Genügsamkeit. Genau diese zwei gelebten Botschaften sind es, durch die sie uns Hirnbesitzer überlegen und weiser sind.

„Eine große Kraft entsteht, wenn junge Menschen beschließen, etwas zu verändern. Sie haben Macht und die Zukunft des Planeten in ihrer Hand. Du kannst etwas verändern – jeden Tag zu jeder Zeit!"

(Dr. Jane Goodall JGI, Verhaltensforscherin & UN-Friedensbotschafterin)

Danksagung

Die Realisation dieses Herzensprojektes hat mir nicht nur zehn Jahre augen- und hirnaktive Wander- und Bahnreisen, sondern auch viele neue Bekanntschaften und Freundschaften mit interessanten, wertorientierten Menschen gebracht. Sie wäre ohne deren Hilfe in dieser Form nicht möglich gewesen. Besonders herzlich bedanken möchte ich mich bei Ing. Helmut Mohr für die technische Betreuung am PC, die Digitalisierung von Dias, die Überlassung wichtiger Fotos und die Durchsicht des Manuskripts. Als Hobby-Biologe, Höhlenforscher und Höhlenführer verdanke ich Helmut auch Informationen über besondere Bäume und Biotope, sowie die Begleitung auf einigen Wander- und Fotoreisen im Gebirge und an der Adria. Für die Überlassung historischer Ansichtskarten und ergänzender Fotos danke ich folgenden Personen: Renate Hennrich (Kirchberg a.W.), Ludwig Fischhuber (Wien), Inge Ziegler (Wien), DI Herbert Aigner (Buchbach), Walter Lybal (+1990 Gloggniz), Simon Legniti (O-Tirol) und Viktor Ziegler (Leibnitz). Meine langjährigen Freunde, Günther Ryvola (+2025 Pitten) und Franz Degen (+2022 Gloggnitz) spendeten mir nicht nur Fotos und alte Ansichtskarten von besonderen Bäumen, sondern ließen mich als junger Student auch an vielen lehrreichen Exkursionen zwischen dem Neusiedlersee und dem Alpenostrand teilnehmen. Lisbeth Zwerger (Wien) unterstützte mich sehr durch die Bereitstellung von Fotos und Bildern aus dem Archiv ihres Vaters Reinhold Zwerger.

Mein herzlicher Dank gilt auch der Abteilung Grünraum des Magistrates von Wiener Neustadt (ehemaliges Stadtgartenamt) und ihren Mitarbeitern, die mich mit technischer Hilfe in die Krone eines Osagedornbaumes gehoben haben, um zu Nahaufnahmen der Blütenstände zu gelangen. Für die Überlassung eines lebenden Großen Eisvogels zu Fotozwecken (er wurde natürlich nach dem ‚foto shooting' wieder in die Natur entlassen), sowie für viele interessante Informationen zu entdeckten Biotopen, Bäumen und Orchideen, danke ich Leo Mohr (Enzenreith). DI Dr. Herbert Kohlross (Gutenstein) und Friedrich Lauria (Wien) sage ich herzlichen Dank für die wichtigen Informationen und Baumbestimmungen bei gemeinsamen koniferologischen Exkursionen – z.B. in Wiener Parks und im Semmering-Rax-Schneeberggebiet. Jakob Mayer (Michelbach, Haus der Elsbeere), Fam. Franz Polleres (Breitenstein) und Karl Zwickl (Prigglitz) halfen mir bei der Suche nach besonderen Bäumen und gaben mir wertvolle Informationen. Dem Ehepaar Anneliese und Friedrich (+2023) Katzbauer vom Hof vlg. Lambacher (Übelbach) danke ich für die herzliche Aufnahme und Gastfreundschaft. Den Südtiroler Freunden in Tramin, Barbara und Christoph Elzenbaum gilt mein besonderer Dank für die Fahrt ins Ultental zu den mächtigsten (?) Lärchen Europas. Mag. Walter Niederer, dem GV des Naturschutzvereines Rheindelta (Vorarlberg), danke ich für wertvolle Informationen und Bereitstellung der neuen Vorarlberger Naturdenkmalstafel. Dem Leiter der Forstabteilung und Naturschutzsachverständigen der BH Neunkirchen N.Ö., DI Stefan Spinka danke ich für sein geduldiges Verständnis und seine aktive Unterstützung bei Fragen und Problemen im Bereich des Naturdenkmalschutzes. Die Metamorphose meiner Texte und Fotos zu einem harmonischen Buch verdanke ich dem grafischen Können und Engagement von Chiara und Mag. Martin Zoufal (Bad Fischau) sowie den Profis der Verlagsdruckerei Berger in Horn.

Quellen und Buchempfehlungen:

Adler, W./Oswald, K./Fischer, R.: „Exkursionsflora von Österreich", Verl. Eugen Ulmer, Stuttgart 1994

Amber, Conrad: „Baumwelten und ihre Geschichten", Franckh-Kosmos Verlags-GmbH & Co. KG, Stuttgart 2015

Büchl-Krammerstätter, Karin: „Die Wiener Naturdenkmäler", MA 22-Umweltschutz (Hrsg.), 2009

Cerutti, Herbert: „Wie die Krähe das Auto benutzt - 22 erstaunliche Tiergeschichten, Verl.NZZ 1995

Düll, R.-Kutzelnigg H.: Botanisch-ökologisches Exkursionstaschenbuch, Quelle & Meyer Verlag Heidelberg-Wiesbaden, 4. Aufl.1992

Ecker, Klement, Rühmer, Schantl: Die Edelkastanie-Waldbaum und Obstgehölz; Sorten, Anbau, Pflege etc., Zukunft Edelkastanie, Zoppelbergverlag, Neuaufl. 2018 (www.steirerkestn.at)

Eggmann, Verena u. Steiner, Bernd: „Baumzeit – Magier, Mythen u. Mirakel", Werd-Verlag, Zürich 1995, 2. Aufl.1996

Frankl, Viktor: „Trotzdem Ja zum Leben sagen", dtv 29. Aufl. 2008 (Kösel Verl., München 1977)

Greif, Gideon: „Wir weinten tränenlos..." (Augenzeugenberichte des jüdischen „Sonderkommandos" in Auschwitz), Fischer Taschenbuch, 12. Auflage, Jänner 2018

Harsieber, Heidi (Hrsg.): „brennen, nur darauf kommt es an" Ernst Hartmann 1907-1983, Schlebrügge. Editor, Wien 2020

Hertzka, Rudolf: „Chronik der Marktgemeinde Pottendorf" (1989), in: Schlossparkzeitung 2018

Kamieniarz, Mirijam-Laila: „Das Arboretum im Botanischen Garten des Schlossparks Schönbrunn: Fachdidaktische Überlegungen zu einem zielgruppenorientierten Vermittlungsangebot", Diplomarbeit, Wien 2016 (services.phaidra.univie.ac.at)

Klammer, Erich: Haßbach; in: Unser Neunkirchner Heimatbuch, Selbstverlag des Bezirksschulrates Neunkirchen 1949

Kohlross, Herbert (Hrsg.): „Die Schwarzföhre in Österreich", Eigenverlag 2016

Kolar, Karl: „Schneeberg, Rax, Schneealpe", Edition Sonnenuhrhaus, Reichenau an der Rax, 2. Aufl.1997

Kuße, Holger (Hrsg.): „Karl Mays Friedenswege"-Sein Werk zwischen Völkerstereotyp und Pazifismus, Karl-May-Verlag Bamberg-Radebeul 2013

Legniti, Simon: Naturdenkmäler in Osttirol - Erhaltungszustand, Gefährdung und zukünftige Entwicklung, Masterarbeit an der Univ. Wien 2021

Lehr Rudolf Prof.: „Friedrich Simony (1813-1896) Ein Leben für den Dachstein"; www.zobodat.at Biologiezentrum Linz, Zeitschrift: Stapfia, Bnd.0043; 1996

Mitchel, A.: „Die Wald- und Parkbäume Europas", Parey 1975

Mitchel, A./Wilkinson, J.: "Pareys Buch der Bäume", Parey 1987

Mayer, Norbert/Klumpp, Raphael/ Kiessling, Hans (Hrsg.): „Elsbeere, Sorbus torminalis - Buch zum Baum"; Verein ElsbeerReich im Eigenverlag, Juli 2022

Pap, Robert: „Reichenauer Spaziergänge", Kral Verlag, Berndorf 2013

Petzel, Michael: „Karl May Filmbuch", Karl May Verlag, Bamberg-Radebeul, 2. Aufl. 1999

Schickhofer, Matthias: „Unser Urwald – Die letzte wilden Wälder im Herzen Europas", Christian Brandstätter Verlag, Wien 2015

Schlick, Alexander: „Kärntens schönste Naturschätze", Styria 2020

Steiner, Bernd: „Götterwohnungen – Eine Kulturgeschichte der sakralen Bäume und Haine aus fünf Jahrtausenden", Verlag Johannes Petri 2014

Sulzgruber, Werner: „Wiener Neustadt – Zeitreise in historischen Bildern. Stadtleben vom Ende des 19. Jahrhunderts bis in die 1950er Jahre"; Kral Verlag 2019

Thenius, Erich: „Lebende Fossilien" im Tier- und Pflanzenreich. Fiktion oder Realität? (Schriften Verein zur Verbreitung naturwissenschaftlicher Kenntnisse 141 (2003), zobodat.at)

Wallner, Johann: Heimat- und Kulturgeschichte von Flatz-St. Lorenzen und der Flatzer Wand, im Selbstverlag, Flatz 1987

Ziegler, Walter: „BaumTraumLandschaften", Eigenverlag 2011

Zwerger, Reinhold: „Wege am Athos", 1.Auflage 2005

„Weißt du, daß die Bäume reden – Weisheit der Indianer", ausgewählt u. übertragen von **Käthe Recheis und Georg Bydlinski,** Herder & Co., Wien 1990 (1983) 19.Aufl.

„Bäume", insel taschenbuch 1811, Insel Verlag Frankfurt/Main und Leipzig, 1996

„Ginkgo. Der Baum des Lebens", insel taschenbuch 2995, Insel Verlag Frankfurt/Main und Leipzig, 2003

Salzburger Nachrichten, 24.1.2024 „Novak Djokovic und ein besonderer Baum"

Wiener Zeitung, 11./12.6.2022, Maria Höflingseder über „Erwin Chargaff"

Wiener Zeitung, 20./21.7.2019, M.Winterer über „Stadtbäume"

Readers Digest, Sept.2021, Christa Leste-Lassere, „Der Wald von Notre Dame"

Internet-Quellen, Fotos und Abbildungen:

Internet-Quellen:

www.arche-noah.at/wissen/projekte
hafen-bregenz.at

www.burgenland.at>detail>
naturdenkmal „Lindenallee
Hornstein“

www.hornstein.at

www.kastanienfest.at

www.waldwissen.net

wikipedia

monumentaltrees.com

von-wurmbrand-stuppach.com

Österreichischer Waldbericht 2023:
info.bml.gv.at

wienerzeitung.at vom 29.02.2020
„Die Baltazzis: Vom Bosporus ins
kaiserliche Wien“ von Stefan Haderer.

www.stadtarchaeologie.at
Fundort Wien 19, 2016, A.G. Heiss:
„Ein neuzeitlicher Rosenkranz aus
Pimpernusskernen“

Fotos:

Herbert Aigner
S. 79 Edelkastanien (20)

Franz Degen
S. 91 Filmdrehaufnahme 1968
„Osage an der Krka“,
S. 103 Beutelmeise

Simon Legniti
S. 159 Matreier Lärche

Helmut Mohr
S. 30, 31 Im Höllental (3),
S. 36 Harz, Raufußkauz, Alpenbock (3),
S. 43 Schirmföhre/Brandschneide,
S. 51 Mammutbäume „General
Sherman“, Sequoia NP,
Yosemite NP (3),
S. 77 2. von oben: Edelkastanie,
S. 164 Plitvice Wasserfälle,
S. 169 Križna Jama (2),
S. 231 Kork-Stacheling

Viktor Ziegler
S. 121 Moorfrösche

alle übrigen stammen vom Autor

Abbildungen:

S. 15 Der Stamm der ältesten Eibe
Europas, Bildserie „Alt Wien“ von
Dr. A. Kuliak, Wien III/40

S. 29 Adalbert Stifter (https://
de.wikipedia.org/wiki/
Datei:Adalbert_Stifter_photo.jpg)

S. 29 Friedrich Simony (https://
upload.wikimedia.org/wikipedia/
de/4/45/Friedrich_Simony.jpg)

S. 39 Postkarte „Vierbrüderbaum“,
Sammlung Günther Ryvola

S. 42 Postkarte „Partie auf der
Brandschneide“ von Camillo Kronich,
Sammlung Ludwig Fischhuber

S. 67 Postkarte „ND Bildahorn am
Semmering“, privat

S. 69 Postkarten (2) „1000jährige
Linde in Kirchberg a. Wechsel,
Sammlung Renate Hennrich

S. 74/75 Postkarten (2) „Edelkastanie
in Gasteil, Wess“, Sammlung Franz
Degen

S. 76 Kastanien: Kreutterbuch des
Andreas Matthioli (1586), privat

S. 179 Briefmarke: Munika (Pinus
heldreichii) Posta Crna Gora, 2015

S. 217 Athos, bei Karyes, 1991:
21-Farben-Linolschnitt, Handdruck
auf Japanpapier (48 x 60 cm) von
Reinhold Zwerger